智能电网关键技术研究与应用丛书

电网储能技术

Energy Storage in Electric Power Grids

[法]
贝努瓦·雷恩（Benoît Robyns）
布鲁诺·弗朗索瓦（Bruno François）
戈捷·德力尔（Gauthier Delille）
克里斯多夫·索德蒙（Christophe Saudemont）
著

杨 凯 刘 皓 高 飞 侯朝勇 闫 涛
许守平 范茂松 尹秀娟 张明杰 耿萌萌
译

U0190948

机械工业出版社

本书共分 7 章展开论述，依次介绍了规模化电能储存面临的技术经济性问题、典型储能技术的最新进展、电力系统中的储能应用场景，以及这些应用场景中储能系统的能量管理策略和程序构建方法。本书重点在于提出了一套基于模糊逻辑的能量管理程序开发方法，利用这套方法能够实现间歇性能源/储能装置的系统能量管理，完成不同运行模式之间的转换控制。

本书的特点是理论方法与实际案例相结合，辅以详尽直观的图表、数据，使读者不仅能够掌握相关的理论知识，更能够通过不同应用场景的实例，掌握能量管理设计方法。

本书专业性较强，适合从事储能系统设计、运行、管理控制等专业人员阅读，也可供相关领域的研究生和教师使用。

图书在版编目（CIP）数据

电网储能技术/（法）贝努瓦·雷恩等著；杨凯等译. —北京：机械工业出版社，2017.8（2025.2 重印）
（智能电网关键技术研究与应用丛书）
书名原文：Energy Storage in Electric Power Grids
ISBN 978-7-111-57508-5

Ⅰ. ①电… Ⅱ. ①贝…②杨… Ⅲ. ①电能－储能－研究 Ⅳ. ①TM910

中国版本图书馆 CIP 数据核字（2017）第 177953 号

机械工业出版社（北京市百万庄大街22 号　邮政编码100037）
策划编辑：刘星宁　　　　　责任编辑：刘星宁
责任校对：刘秀芝　郑　婕　封面设计：鞠　杨
责任印制：常天培
北京机工印刷厂有限公司印刷
2025 年 2 月第 1 版第 4 次印刷
169mm×239mm·12 印张·231 千字
标准书号：ISBN 978 -7 -111 -57508 -5
定价：69.00 元

凡购本书，如有缺页、倒页、脱页，由本社发行部调换
电话服务　　　　　　　　　　网络服务
服务咨询热线：010 - 88361066　机工官网：www. cmpbook. com
读者购书热线：010 - 68326294　机工官博：weibo. com/cmp1952
　　　　　　　010 - 88379203　金书网：www. golden - book. com
封面无防伪标均为盗版　　教育服务网：www. cmpedu. com

译 者 序

　　储能技术是能源互联网和可再生能源产业发展的关键技术之一，近年来储能技术取得长足进步，逐渐具备了大规模市场化运营的能力。在这种情况下，尤其在多源、多负荷条件下如何实现储能系统与新能源、电力系统之间的协调控制和高效管理成为急需解决的问题。本书围绕以上问题展开了详细的论述，全面分析了当前在电网中应用的储能技术种类、应用场景以及应用控制策略等，使读者能够深入了解储能技术在电网中的应用。

　　本书得到了中国电力科学研究院专著出版基金的大力资助，在此深表谢意。本书翻译的分工如下：杨凯、范茂松负责第1章，高飞、耿萌萌负责第2章，刘皓、尹秀娟负责第3章，闫涛负责第4章，许守平负责第5章，侯朝勇、张明杰负责第6、7章。杨凯负责全书的统稿和校对。在本书的翻译过程中，翻译组的各位同事通力合作，群策群力，在完成繁重的教学和科研工作的同时，力争给读者提供最准确的译文表述，以及最有价值的专业知识。与此同时，在翻译过程的各个环节都得到了机械工业出版社刘星宁编辑的大力帮助和指导，值此译稿完成之际致以深深谢意。

　　储能技术涉及多学科、多领域的专业知识，尽管译者竭力求证，但受到水平和专业领域所限，本书难免存在错误和不妥之处，恳请读者不吝赐正。

译者
于中国电力科学研究院

原 书 序

　　由于气候原因，能源转型目前在全球范围内已成为驱动更负责任的经济增长革新的必然，因此，本书在许多方面都颇具价值。本书解决了基于可再生能源的新建发电系统在大规模扩散过程中遇到的主要技术障碍，如陆地和海上风电场、太阳能、甚至是微型水力系统。本书的重点是储能，即能够保证基于风和阳光等自然条件的间歇性能源正常生产的唯一解决办法。

　　大多数有关这一主题的书籍详细描述了储能技术的先进性，不过本书即使不是唯一一本，也是少数几本书中的一本，它将一种或多种基于可再生能源的电源与储能装置相结合，讲述了多种系统的能量管理问题，目的是将现有电网中此类系统和谐地整合在一起。Robyns 教授和其合著者的最大贡献是，通过本书循序渐进地提出一套完整的管理程序开发方法，对结合了间歇性能源与储能装置的系统进行能量管理。这些管理程序由模糊逻辑控制，而其控制法则则基于专门知识。利用这种方法，可以同时追求多个目标，并且完美控制不同运行模式之间的转换。此外，对整个设计过程的描述则具体到实施和实验确认等细节。本书给出了几个组合示例，例如，与惯性储能相结合的变速风力发电机，以及纳入风电机组和绝热压缩空气储能的电网。在后面这个示例中，经济优化也是管理程序的目的之一。

　　因此，本书具有无可争辩的现实意义，而且毫无疑问，它将成为通过可再生能源和能量及功率储存装置发电的系统管理程序设计参考书。

Eric MONMASSON
法国塞吉-蓬图瓦兹大学

原书前言

电能储存是一个长期存在的问题，这一问题至今仍没有完全解决，尤其是从经济角度来看。到目前为止，电力生产一直主要依赖于灵活资源（基于不可再生燃料的水力和火力资源）进行及时生产。可再生能源的发展以及可降低二氧化碳排放量的输送手段的需求，已经在储能方面引起了新兴趣，已成为可持续发展的重要组成部分。本书有助于更好地了解现有储能技术以及正在开发的那些储能技术，特别是关于这些技术的管理及其经济性的提高。

本书的目的是：

1）展示电能储存在智能电网可持续发展背景下的重要性。

2）显示电能储存可以提供的各种服务。

3）介绍利用一般教育方式构建储能管理系统所采用的方法工具。这些工具都是基于因果形式主义、人工智能和明确的优化技术，将贯穿全书并结合具体案例进行介绍。

4）通过大量有关可再生能源并入电网的具体和有教育意义的例子，对这些方式方法进行说明。

第1章介绍电能储存的一些问题，电能不能直接以交流电流进行储存。这一观察已形成了当前的电力系统，该系统是以发出就消耗的电力为基础的。然而，间歇性可再生能源的发展以及朝着更加智能化电网发展的趋势，特别是就能量分布而言，有利于这种能量的储存。本章将介绍储能可以为电网提供的各种服务，从而促进其经济性提高并解决其管理问题。本章将引入基于人工智能的管理设计方法；这特别适用于复杂系统的管理，这些系统中包括与发电量、用电量和电力网方面等相关的多种不确定性，定位于多个目标，并要求进行实时处理，这是未来智能电网的一项重大挑战。

第2章将对目前在工业领域或以示范形式所使用的各种电能储存技术进行简要说明，并通过一些实例对这些技术进行说明，对它们的主要特性进行介绍，并将其进行相互比较。

第3章将对电力系统组件的一般特性进行检查，并将对输电和配电网络管理模式进行介绍，着重介绍其平稳运行所需要的一些服务，其中包括与电压和频率控制有关的辅助服务。同时，本章将讨论储能对这些服务的潜在贡献。显然，这些网络运营商、能量生产商和用户以及由电力市场自由化产生的新参与者都与这些服务直接相关。最后，本章将以具体示例展示储能对拥堵处理以及孤网突发不稳定时动态频率控制的贡献。

第4章对模糊逻辑进行介绍，这是本书其余部分所采用的一种人工智能方法。模糊逻辑的基本概念将应用于惯性储能系统的管理，该系统是向孤立现场供电的风能/柴油发电机混合系统的组成部分。

第5章将开发一种方法，能够使某一系统电力管理程序的系统设计纳入电能储存系统。由于这种方法是于模糊规则所表示的系统专门知识，因此，这种方法及其图形创建，都不需要数学模型。输入可以是随机的，管理可以同时瞄准多个目标。由于运行模式是由模糊变量来确定的，所以，它们之间的转换是渐进性的。最后，这种方法通过朝着荷电状态（SoC）进行收敛且利用实时处理对其复杂性加以限制，而得以对储能进行管理。将其应用于惯性储能系统与变速风力发电机的关联，该关联构成了一个系统，能够供给辅助服务或以独立方式进行工作。我们将利用一个实验性应用来讨论这种类型的管理程序的实时实现，并将利用实验性试验对管理程序的不同变化形式进行比较。

在第 6 章中，一种能量管理程序的设计方法将被用于多源和多储能系统。本章研究的多源设施由一台风力发电机、一个可预见且可控制的源及两个拥有不同特性的储能系统组成。尽管风力发电机源具有随机性，且相关的发电量预测具有误差，但本章的目标是让该设施成为生产计划的一部分，进而纳入一个经典的网络，并通过参与变频控制对网络的稳定性做出贡献。本章将在不同的多源系统拓扑结构上对该管理程序的设计方法进行检验，以说明其系统化和模块化的特性。本章还将借助量化指标对各种拓扑结构的性能进行比较。

第 7 章讲述了纳入具有可再生风能发电量电力网的绝热压缩空气储能的管理和经济性提高。本章的目的是分析中功率和高功率储能装置（从数十兆瓦至数百兆瓦）如何提高电力网的经济性、用途和益处。本章将利用前面几章中所介绍的管理建构方法开发一种实时储能管理策略，以最大限度地提供服务，并使盈利能力最大化。此外，本章还将对管理程序的三种变体进行比较：一种管理程序只限于基于某一天为第二天所计划供需的传统经济性提高，另一种是基于模糊逻辑的实时管理程序，最后一种则是第二种管理程序的布尔型变体。模拟结果表明，如果经济储能收益成为具有实时管理系统服务的一部分，则这种收益具有重要的意义。

在本书所检验的一些示例中，假设储能系统的一些量度特性（功率、能量和动态）是预先规定的。通过纳入能量管理，可以采用与管理程序参数相同的方式对这些特性相对应的参数进行优化，其目的在于通过将智能纳入管理程序而简化这一量度及相关成本，这对经济可行条件下的储能发展构成了一种挑战。本书所介绍的一些示例可以扩展到其他类型的间歇性可再生能源（光伏发电、小型水电、海洋发电等）以及其他储能技术中。此外，还可以考虑其他目的，例如，储能系统老化，以控制这些系统的演进。

目　　录

译者序
原书序
原书前言

第1章　电能储存的相关问题……………………………………………… 1
1.1　电能储存面临的困难 ……………………………………………… 1
1.2　电能储存的原因 …………………………………………………… 2
1.3　电网储能的增值 …………………………………………………… 4
1.4　储能管理 …………………………………………………………… 6
1.5　参考文献 …………………………………………………………… 8

第2章　储能的最新发展 ……………………………………………… 11
2.1　概述 ………………………………………………………………… 11
2.2　储能技术 …………………………………………………………… 11
2.3　储能系统的特性 …………………………………………………… 12
2.3.1　储能容量 ……………………………………………………… 12
2.3.2　最大功率和时间常数 ………………………………………… 12
2.3.3　能量损失和效率 ……………………………………………… 13
2.3.4　老化 …………………………………………………………… 13
2.3.5　成本 …………………………………………………………… 13
2.3.6　能量和比功率 ………………………………………………… 13
2.3.7　响应时间 ……………………………………………………… 14
2.3.8　灰色能量 ……………………………………………………… 14
2.3.9　能量状态 ……………………………………………………… 15
2.3.10　其他特性 …………………………………………………… 15
2.4　水力储能 …………………………………………………………… 15
2.4.1　水力储能原理 ………………………………………………… 15
2.4.2　练习：黑湖电站 ……………………………………………… 16
2.5　压缩空气储能 ……………………………………………………… 19
2.5.1　压缩空气储能原理 …………………………………………… 19

2.5.2　第一代和第二代压缩空气储能 ·· 19

2.5.3　绝热压缩空气储能 ··· 21

2.5.4　空气储能 ··· 22

2.5.5　液压气动储能 ··· 22

2.6　热态储能 ··· 23

2.6.1　显热储能 ··· 23

2.6.2　潜热储能 ··· 24

2.7　化学储能 ··· 24

2.7.1　电化学储能 ·· 24

2.7.2　氢气储能 ··· 28

2.8　动能储能 ··· 29

2.9　静电储能 ··· 30

2.10　电磁储能 ··· 30

2.11　储能技术的对比性能 ··· 31

2.12　参考文献 ··· 32

第3章　电力系统中储能的应用和价值 ·· 34

3.1　概述 ·· 34

3.2　电力系统介绍及其运行 ··· 36

3.2.1　发电装置 ··· 37

3.2.2　电网 ··· 39

3.2.3　需求 ··· 41

3.2.4　电力系统运行的基础知识 ··· 42

3.3　储能可提供的服务 ··· 51

3.3.1　概述 ··· 51

3.3.2　并入输电网所需的服务 ··· 52

3.3.3　为输电系统运营商提供的潜在附加服务 ······································ 53

3.3.4　储能为配电系统运营商提供的潜在服务 ······································ 55

3.3.5　为集中式发电业主提供的服务 ·· 64

3.3.6　为可再生能源分散式发电商提供的服务 ······································ 66

3.3.7　为用户提供的服务 ·· 71

3.3.8　从市场活动中获取的利益 ·· 75

3.4　储能对处理拥堵事件贡献的示例 ··· 77

3.4.1　电网充电状态的指标 ··· 77

3.4.2　电网演进愿景 ··· 77

3.4.3　布列塔尼拥堵事件的处理 ·· 78

3.5　储能对孤岛电网频率控制提供动态支持的示例 ················ 79

3.5.1　服务背景和潜在利益 ···························· 79

3.5.2　什么是欠频甩负荷 ····························· 79

3.5.3　动态支持的技术规范 ···························· 80

3.5.4　详细研究动态支持所采用的方法 ····················· 81

3.5.5　第一阶段：理论方法 ···························· 82

3.5.6　第二阶段：动态模拟 ···························· 85

3.5.7　第三阶段：实验室执行 ··························· 85

3.5.8　经济价值决策 ······························· 87

3.5.9　结论 ································· 88

3.6　总结 ································· 88

3.7　参考文献 ······························ 88

第4章　模糊逻辑及其在混合风－柴油机系统动能储存管理中的应用 ·········· 94

4.1　概述 ································· 94

4.2　模糊逻辑介绍 ····························· 94

4.2.1　模糊推理原理 ······························· 94

4.2.2　模糊逻辑与布尔逻辑 ···························· 95

4.2.3　模糊管理程序的阶段 ···························· 97

4.2.4　模糊推理示例 ······························· 100

4.3　孤立网络中风动能储能与柴油发电机的组合 ················ 103

4.3.1　概述 ································· 103

4.3.2　能量管理策略 ······························· 103

4.3.3　模糊逻辑管理程序 ···························· 105

4.3.4　使用模糊管理程序的模拟结果 ····················· 106

4.3.5　简单滤波的模拟结果 ···························· 108

4.4　结论 ································· 110

4.5　参考文献 ······························ 111

第5章　配有储能系统的风力发电管理程序构建方法 ··············· 112

5.1　概述 ································· 112

5.2　能量系统的研究 ···························· 112

5.3　管理程序开发方法 ···························· 113

5.4　规范 ································· 113

5.4.1　目标 ································· 113

5.4.2　限制 ································· 114

    5.4.3   实施动作 ·················· 114
  5.5   管理程序结构 ·················· 115
    5.5.1   输入值 ·················· 115
    5.5.2   输出值 ·················· 115
    5.5.3   管理程序开发工具 ·················· 115
  5.6   各种运行状态的确定：功能图 ·················· 117
    5.6.1   N1 功能图 ·················· 118
    5.6.2   N1.1 功能子图 ·················· 118
    5.6.3   N1.2 功能子图 ·················· 119
    5.6.4   N1.3 功能子图 ·················· 120
  5.7   隶属函数 ·················· 120
  5.8   运行图 ·················· 122
    5.8.1   N1 运行图 ·················· 123
    5.8.2   N1.1 运行子图 ·················· 123
    5.8.3   N1.2 运行子图 ·················· 124
    5.8.4   N1.3 运行子图 ·················· 124
  5.9   模糊规则 ·················· 125
  5.10   实验验证 ·················· 125
    5.10.1   管理程序的植入 ·················· 125
    5.10.2   实验配置 ·················· 127
    5.10.3   实验结果和分析 ·················· 128
  5.11   总结 ·················· 131
  5.12   参考文献 ·················· 132

第6章   混合多源/多储能系统的管理程序设计 ·················· 134
  6.1   概述 ·················· 134
  6.2   含风力发电的混合多源系统管理程序的构建方法 ·················· 135
    6.2.1   系统规格的确定 ·················· 135
    6.2.2   管理程序架构 ·················· 136
    6.2.3   功能框图定义 ·················· 138
    6.2.4   隶属函数的确定 ·················· 140
    6.2.5   运行图的确定 ·················· 144
    6.2.6   模糊规则提取 ·················· 145
  6.3   混合多源系统中不同变量特性的比较 ·················· 145
    6.3.1   模拟系统的特点 ·················· 145
    6.3.2   不同混合源变量的模拟 ·················· 147

6.3.3　根据不同指标对混合电源的特性进行比较 ·······················154
6.4　结论 ··154
6.5　附录 ··155
6.5.1　输出值波动范围 ···155
6.5.2　模糊规则 ··156
6.6　参考文献 ··157

第7章　并网型绝热压缩空气储能的能量管理和经济性提升··············159
7.1　概述 ··159
7.2　储能提供的服务 ···160
7.2.1　储能规划 ··160
7.2.2　频率控制 ··160
7.2.3　拥塞管理 ··160
7.2.4　易变的可再生能源发电保障 ··161
7.3　监管策略 ··161
7.3.1　方法 ··161
7.3.2　目标、限制和实施动作 ··162
7.3.3　管理程序结构 ··162
7.3.4　功能图的确定 ··163
7.3.5　隶属函数的确定 ···166
7.3.6　运行图的确定 ··168
7.3.7　模糊规则的提取 ···170
7.3.8　指标 ··170
7.4　服务的经济价值 ···170
7.4.1　购买/销售机制 ···170
7.4.2　频率控制计费 ··170
7.4.3　额外服务计费 ··171
7.5　应用 ··171
7.5.1　测试电网 ··171
7.5.2　储能用于辅助服务时的贡献收益 ···172
7.5.3　模糊管理程序与布尔管理程序的利益对比 ···································175
7.6　结论 ··177
7.7　致谢 ··177
7.8　参考文献 ··177

第1章

电能储存的相关问题

1.1 电能储存面临的困难

在过去的 150 年间，电能载体已高度发达，这种载体已非常实用，在使用过程中没有污染，如果是由可再生能源发电，则几乎不会产生污染。变压器可以对电压和电流波的幅值随意进行调节，由于使用变压器，在非常高的电压下远距离输送电能则成为可能。变压器所提供的这种可能性逐渐可以解释为什么采用交流电压和电流可以使电网一直得以发展。

电能载体的薄弱点在于不能直接储存电流。它可以储存静电能量（在电容器中）或磁能（在超导线圈中），但这些解决方案的储能容量相当有限。为了获得很大的储能容量，必须将电能转换为另一种形式的能量。水轮泵站以势能的形式储能，能够储存大量的能量，但这些泵站所处区域必须要保证两个液压储罐之间存在显著的高度差。铅酸蓄电池的电化学储能早已用于机载应用和应急电源；而飞轮的动能储存已经在固定应用上使用了数十年，诸如应急电源和一些机载应用，包括卫星。

电化学电池使得连续储存电能成为可能。惯性能量储存要求可在变速运行的机械中使用，即在可变频率下运行。由于电网是在固定频率下以交流电压和电流的形式供电，这些储能技术的实施在电子功率出现之前仍颇为复杂。电子功率于 20 世纪 60 年代出现，目前用于随意转换电流和电压的形式和特性。

即使发电与用电之间的距离有数百千米之遥，电网管理也是基于发电量直接消耗这一原理进行设计，电能储存的困难对此进行了解释。核电设施能够产生理想的恒定功率，且有利于水力储能的发展。随着核电设施的发展，这种方法已在法国逐步形成。

能量直接消耗的优点是具有较高的整体能量收益。事实上，储能所需的能量转换因所采用的储能技术不同，产生的损失也大不相同。这些损失介于 10%～50% 之间，甚至更多。然而，如果所储存的能量来自于一个源，而该源的能量不储存就会失去（源自于风能或光伏的能量就属于这种情况），从这个角度看待收益这一概念则是正确的。

最后应指出的是，电能可以被储存，之后以另一种能量形式被使用。国内电网中的热水箱就是这种情况，其最终使用的是热能和通过电解制造的氢气。某些负荷具有一种储能容量，能够控制电网的供电，如超市冷藏库的制冷装置或电动汽车中的储能蓄电池。

1.2 电能储存的原因

电网管理主要基于发电量直接消耗这一原理。由于用电量是可变的，这种方法要求发电量恒定地适合于用电量。图 1.1 和图 1.2 所示为典型的家庭和商业用户的特征，说明了用电量的可变特性取决于每天的时间、季节和负荷类型。

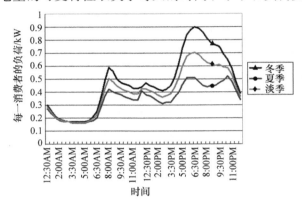

图 1.1　家庭用户的典型特征，不包括电加热〔法国输电公司（RTE）〕

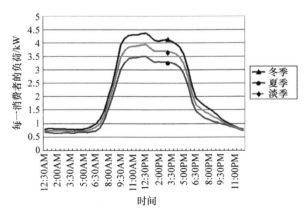

图 1.2　第三产业和个体用户的典型特征（法国输电公司）

由于可再生能源的发展，电网不得不面对适应高度间歇性发电的问题，风能、光伏能和海洋能以及小型径流式水力发电的能量就属于这种情况［ROB 12c］。图 1.3 所示为 300kW 风力发电机超过 5min 的发电量。除了很高的可变性外，还记录下了 3s 内 100kW 的波动。图 1.4 所示为一天内光伏设施的发电量；云层的出现导致这一发电量有较大的可变性。

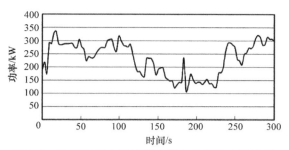

图1.3 300kW固定转速风力发电机的发电量示例

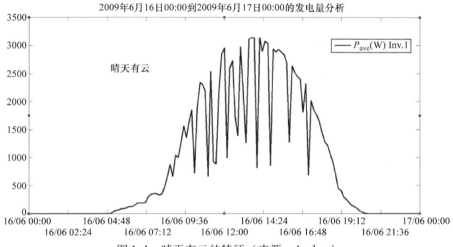

图1.4 晴天有云的特征（来源：Auchan）

水力资源也显示了很大的波动。例如，海浪是一种丰富的资源，但其变化大且快，如图1.5所示。一条河流的流量在几个月甚至几年的时间内会有显著的波动，如图1.6所示，甚至在暴雨后出现洪水的情况下，一条河流的流量在几个小时内也会发生显著的波动。因此，小型径流式水力发电设施，如果没有配备上游水坝或溢洪道，当出现这些波动时，则会产生无法控制的可变功率［ROB 12c］。

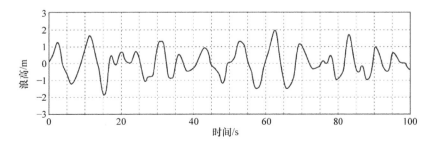

图1.5 浪高变化［MOU 08］

这些例子表明,发电量与用电量之间的平衡不会自然出现,高可变性可再生能源的日益发展已使其变得复杂化。这些可再生能源所发出的电能的储存使得平稳发电成为可能,从而有助于其对用电量的适应。

相反,如核电厂这种源可发出理想的恒定功率。在这种情况下,可对夜间发出的过剩发电量进行储存,使得对一天高峰时间内的欠发电量进行补偿成为可能。

如铁路、地铁和电车等运输系统的基础设施也会影响电网,因为牵引装置的起动和停止以及一天不同时期的交通流量波动会对电网产生功率波动〔ROB 15〕。

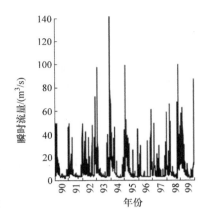

图 1.6　瓦兹河 10 年来的
流量变化〔ROB 12c〕

最后,各种运输模式(铁路、船舶、航空、航天、公路车辆和机器人等)的机载系统将电能储存系统纳入了电力备用系统和当地电网中,以便制动时重新获得能量,确保车辆推进。特别是电动汽车的发展,将显著增加对高性能机载电力储能的需要,以完全安全的方式为汽车提供尽可能多的自主性〔ROB 15〕。

1.3　电网储能的增值

储能系统成本昂贵,而且它们在发电或用电系统中所产生的额外成本会抑制其安装。因此,有必要确保在其寿命周期内储能的经济性能够提高到至少能补偿其投资和维护成本。储能成本因技术及技术成熟度而有很大变化,这些技术是大量研究和开发工作的主题。电网储能的增值将取决于储能可以提供的各种服务,这些服务将取决于储能在电网中的定位。

对电网储能的开发有两种方法:

1)与较大间歇性发电装置相关(例如,与并入输电网的风电相关的水力储能);

2)扩散,例如,在配电网中进行分布。

为了使储能有利可图,有一种方法是使储能系统在各参与者(管理者、生产商和用户)之间可以贡献的服务交互作用〔DEL 09〕。这些服务包括:

1)本地精确和动态的电压控制;

2)在降级运行中支持电网;

3)网络部分的电压回复;

4)对电网管理者(和用户)的无功补偿;

5)降低输电损失;

6)电能质量;

7）能量推迟和对发电装置的支持；

8）一次频率控制和孤立电网的频率稳定度；

9）解决拥堵；

10）支持参与辅助服务；

11）清除恢复；

12）保证发电量曲线；

13）峰值平稳；

14）用电推迟；

15）供电质量/连续性。

本书中提出的一些发展将对其中一些服务的实施进行说明。

服务交互作用可以与相应的参与者交互作用相关联；采用不同技术、不同类型的多种发电源（难以预测和预见的可再生能源、化石能源等）、多种用户和多种储能系统都具有不同和互补特性（功率、能量和动态）。因此，这些被称为多源、多负荷和多储能系统。

一个多世纪以来，电网管理一直基于一种集中方法，其通信手段有限，尤其是在配电网中。随着先进管理资源的出现，新通信技术的实施和使用将提高电网的智能化水平，并将有助于随机发电量所占比重的安全增加，同时也提高了这些智能电网（见图1.7）的能量效率。在向智能电网演进的过程中，电能储存将起到重要作用，将有利于可再生能源的发展，促进电网的稳定性，并有利于住宅领域、工业和输电系统的自身消耗。作为这种演进的一部分，电动汽车的大规模发展可能使这些

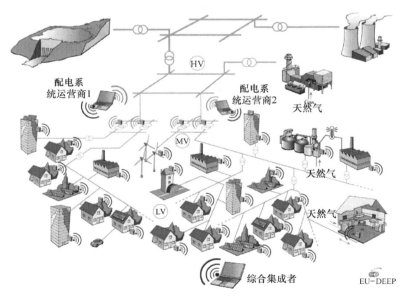

图1.7 通过互联网通信的智能电网（来源：欧盟 EU – DEEP 项目）

车辆发挥特殊作用，因为它们代表了一种巨大的储能容量，这种储能容量通过控制其负荷，甚至偶尔并入这一电网发电，有助于提高电网的效率和稳定性。

电力市场的机制也影响着储能系统的盈利能力。这些机制在不同的国家也有所不同，且在竞争性环境中随着时间而演进，有助于电网产生或自用的可再生能量的发展、电动汽车等负荷及储能的发展。对电网来说，这种并入电网的储能可以看作是一个负荷或者电源，这取决于它是储存能量还是发电量，这样，作为用户又作为发电商，其不得不为这一装置支付双倍的并网成本。

储能的发展必须有助于可持续性发展；因此，要考虑这些系统对减少二氧化碳排放量的贡献，同时，不要忘记储能系统自身建设所消耗的灰色能量，这是至关重要的。目前的一种趋势是对储能系统进行寿命周期分析（LCA）。

1.4　储能管理

对电网中储能系统的管理必须应对以下几项挑战：

1）制定对其状态或特性不太了解（随机）的电力系统的管理方法，其中采用的时间范围可长（例如，一年，考虑可再生能源的季节性）可短（实时，对动态应力做出反应）。这些策略必须适应能源政策，目前的能源政策有利于对分散在整个区域内的低功率发电机进行扩充，这与目前的实际情况相反，目前的实际情况是运行少量极高功率的发电厂（在法国主要是核电）。

2）开发多储能方法。

3）制定多目的管理策略并汇聚多种服务。

在储能系统管理策略的制定中，可提出各种不同的时间范围（见图 1.8）：

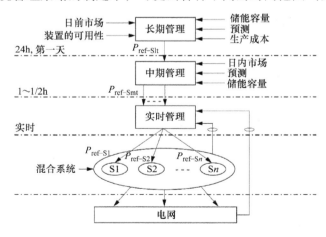

图 1.8　对于包含一个或多个源、储能和可能可控负荷的混合系统管理所考虑的不同时间范围

1）对应于一天时标的长期管理。

2）对应于 30～60min 时标的中期管理。

3）对应于确保系统运行所需最小时标的实时管理，该时标应足以支撑系统运行的稳定性，实现其目的，并考虑危险因素。这一时标的范围介于数十微秒至数分钟之间。

对于有效储能管理和经济盈利能力而言，更长期的储能规划（数天、数周、数月或数年）也是必要的。

考虑到待解决问题的复杂度、经济目标和生态目标以及实现这些目标的各种解决方案，储能管理是一项重大挑战 ［NEH 11，ROB 12a，ROB 13a，ROB 13b］。文献中提出了三组工具，对纳入储能的混合系统进行管理：

1）因果形式化工具 ［ALL 10，FAK 11，ZHO 11，DEL 12］。这种方法包括确定功率潮流，其反向可用于确定基准功率。它需要这些源和储能系统的详细数学模型，并要求对这些不同的潮流以及相关的损失有很好的实时了解。

2）外显优化工具，具有目标函数 ［ROB 12b，SAR 13］。这种方法对确保最佳选择是必要的，例如，它保证了可再生能源发电量的最大化。对适当公式化的成本函数进行最简化是难以实现的，特别是在实时情况下。

3）隐含优化工具，例如，具有模糊逻辑 ［CHE 00，LEC 03，LAG 09，COU 10，ZHA 10，MAR 11，MAR 12，ROB 13a，ROB 13b］。这种工具适用于管理"复杂"的系统，这些系统的管理依赖于难以预测且不好实时了解的数值或状态（风、阳光、电网频率和状态、用电量变化等）。

可以考虑不同的方法，并将其进行结合，以保证储能管理：过滤器、校正器以及人工智能技术。

在本书中，制定了一种管理程序的设计方法，专用于管理纳入储能的混合发电系统 ［ROB 13a，ROB 13b］。这种方法是工业过程控制设计中广泛应用的一些方法的扩展：Petri 电网 ［ZUR 94，LU 10］和顺序功能图（Grafcet）［GUI 99］。后者用于通过曲线图构建系统控制，且一步一步地通过这种方式促进分析和实施。它们尤其适合于顺序逻辑系统。然而，对包括随机变量和连续状态的混合发电装置而言，这种类型的工具会达到其使用极限。因此，此处所提出的方法是这种曲线图方法的扩展，以包括未精确了解的模糊值。

因为这种方法基于模糊规则所表示的系统评估，所以这种方法不需要数学模型。输入可以是随机的，管理可以同时瞄准多个目标。因为运行模式是由模糊变量来确定的，所以它们之间的转换是渐进性的。最后，这种方法通过朝着荷电状态（SOC）进行收敛，且利用实时处理对复杂性加以限制，而得以对储能进行管理。

可以将其分解为 8 个步骤，以协助管理程序设计：

1）确定系统规范：必须明确规定目标、制约条件和行动手段；

2）制定管理程序的结构：确定必要的管理程序输入和输出；

3）通过功能图确定运行模式：基于对该系统的了解制定运行模式的曲线图表示；

4）定义模糊变量的隶属函数；

5）通过运行曲线图确定模糊模式；

6）提取模糊规则、模糊管理程序的特性和运行曲线图；

7）定义对目标实现情况进行评估的指标，例如功率、能量、电压质量、收益指标，或者是经济性或环保性指标；

8）对管理程序的参数进行优化，例如，通过实验设计和/或基因算法进行优化。

本书将对涉及储能的各种应用进行考虑，并结合一种或多种技术，在第 4～7 章中对可再生风能源以及经典源进行考虑，使这种方法逐步得到发展。这些示例也可轻松转移到光伏电源的情况上。

1.5 参考文献

[ALL 10] ALLÈGRE A.L., BOUSCAYROL A., DELARUE P. *et al*., "Energy storage system with supercapacitor for an innovative subway", *IEEE Transactions on Industrial Electronics*, vol. 57, no. 12, pp. 4001–4012, December 2010.

[CHE 00] CHEDID R.B., KRAKI S.H., EL-CHAMALI C., "Adaptive fuzzy control for wind – diesel weak power systems", *IEEE Transactions on Energy Conversion*, vol. 15, no. 1, pp. 71–78, 2000.

[COU 10] COURTECUISSE V., SPROOTEN J., ROBYNS B. *et al*., "Methodology to build fuzzy logic based supervision of hybrid renewable energy systems", *Mathematics and Computers in Simulation*, vol. 81, pp. 208–224, October 2010.

[DEL 09] DELILLE G., FRANÇOIS B., MALARANGE G., "Construction d'une offre de services du stockage pour les réseaux de distribution dans un contexte réglementaire dérégulé", *European Journal of Electrical Engineering*, vol. 12, nos. 5–6, pp. 733–762, 2009.

[DEL 12] DELILLE G., FRANÇOIS B., MALARANGE G., "Dynamic frequency control support by energy storage to reduce the impact of wind and solar generation on isolated power system's inertia", *IEEE Transactions on Sustainable Energy*, vol. 3, no. 4, pp. 931–939, October, 2012.

[FAK 11] FAKHAM H., LU D., FRANÇOIS B., "Power control design of a battery charger in a hybrid active pv generator for load-following applications", *IEEE Transactions on Industrial Electronics*, vol. 58, no. 1, pp. 85–94, January 2011.

[GUI 99] GUILLEMAUD L., GUGUEN H., "Extending grafcet for the specification of control of hybrid systems", *IEEE International Conference on Systems, Man, and Cybernetics*, Tokyo, pp. 171–175, 1999.

[KAN 11] KANCHEV H., LU D., COLAS F. *et al.*, "Energy management and operational planning of a microgrid with a pv-based active generator for smart grid applications", *IEEE Transactions on Industrial Electronics*, vol. 58, no. 10, pp. 4583–4592, October 2011.

[LAG 09] LAGORSE J., SIMOES G.M., MIRAOUI A., "A multiagent fuzzy-logic-based energy management of hybrid systems", *IEEE Transactions on Industry Applications*, vol. 45, no. 6, pp. 2123–2129, November–December 2009.

[LEC 03] LECLERCQ L., ROBYNS B., GRAVE J.M., "Control based on fuzzy logic of a flywheel energy storage system associated with wind and diesel generators", *Mathematics and Computers in Simulation*, vol. 63, pp. 271–280, 2003.

[LU 10] LU D., FAKHAM H., ZHOU T. *et al.*, "Application of Petri nets for the energy management of a photovoltaic based power station including storage units", *Renewable energy*, vol. 35, no. 6, pp. 1117–1124, June 2010.

[MAR 11] MARTINEZ J.S., HISSEL D., PERA M.C. *et al.*, "Practical control structure and energy management of a testbed hybrid electric vehicle", *IEEE Transactions on Vehicular Technology*, vol. 60, no. 9, pp. 4139–4152, November 2011.

[MAR 12] MARTINEZ J.S., JOHN R.I., HISSEL D. *et al.*, "A survey-based type-2 fuzzy logic system for energy management in hybrid electrical vehicles", *Information Sciences*, vol. 190, pp. 192–207, 2012.

[MOU 08] MOUSLIM H., BABARIT A., *SEAREV: système électrique autonome de récupération de l'énergie des vagues*, Techniques de l'Ingénieur, 2008.

[NEH 11] NEHIR M.H., WANG C., STRUNZ K., "A review of hybrid renewable/alternative energy systems for electric power generation: configurations, control, and applications", *IEEE Transactions on Sustainable Energy*, vol. 2, no. 4, pp. 392–403, October 2011.

[ROB 12a] ROBOAM X., *Systemic Design Methodologies for Electrical Energy Systems*, ISTE, London and John Wiley & Sons, New York, 2012.

[ROB 12b] ROBOAM X., *Integrated Design by Optimization of Electrical Energy Systems*, ISTE, London and John Wiley & Sons, New York, 2012.

[ROB 12c] ROBYNS B., DAVIGNY A., BRUNO F. *et al.*, *Electric power generation from renewable sources*, ISTE, London and John Wiley & Sons, New York, 2012.

[ROB 13a] ROBYNS B., DAVIGNY A., SAUDEMONT C., "Methodologies for supervision of hybrid energy sources based on storage systems – a survey", *Mathematics and Computers in Simulation*, vol. 91, pp. 52–71, May 2013.

[ROB 13b] ROBYNS B., DAVIGNY A., SAUDEMONT C., "Energy management of storage systems based power sources and loads", *Electromotion Journal*, vol. 20, nos. 1–4, pp. 25–35, 2013.

[ROB 15] ROBYNS B., SAUDEMONT C., HISSEL D. *et al.*, *Energy Storage in Transportation and Buildings*, ISTE, London and John Wiley & Sons, New York, forthcoming, 2015.

[SAR 13] SARARI S., KEFSI L., MERDASSI A. *et al.*, "Supervision of plug-in electric vehicles connected to the electric distribution grids", *International Journal of Electrical Energy*, vol. 1, no. 4, pp. 256–263, December 2013.

[ZHA 10] ZHANG H., MOLLET F., SAUDEMONT C. *et al.*, "Experimental validation of energy storage system management strategies for a local DC distribution system of more electric aircraft", *IEEE Transactions on Industrial Electronics*, vol. 57, no. 12, pp. 3905–3916, December 2010.

[ZHO 11] ZHOU T., FRANÇOIS B., "Energy management and power control of an hybrid active wind generator for distributed power generation and grid integration", *IEEE Transactions on Industrial Electronics*, vol. 58, no. 1, pp. 95–104, January 2011.

[ZUR 94] ZURAWSKI R., ZHOU M., "Petri net and industrial application: a tutorial", *IEEE Transactions on Industrial Electronics*, vol. 41, no. 6, pp. 567–583, 1994.

第 2 章

储能的最新发展

2.1 概述

本章将对电能储存所采用的各种技术进行概述。这些技术的成熟程度有很大的不同；其中一些已使用了多年并且可在市场上见到，而另一些则仅处于论证阶段。本章将对这些储能技术的主要特性进行介绍，并进行相互比较。每一种技术都将通过一些示例进行说明。

2.2 储能技术

本章将对用于固定应用的储能技术进行简单说明，例如有关发电和配电的那些应用。适用于机载系统的储能技术明显因体积和重量原因而受到更多限制。

以下技术能使电能得到长期储存，时间超过 10min 甚至长达数月：

1）在电网中大规模使用的液压泵储能和重力流储能；

2）以显热（无状态变化）或潜热（有状态变化）形式储热；

3）通过压缩空气以压能的形式储能；

4）各种类型的可用电化学电池；

5）通过电解得到氢气储能并使用燃料电池来恢复电力。

以下技术能获得短期电能储存，时间为 1s 至几分钟：

1）用飞轮这种旋转块储存动能；

2）用超导线圈储存磁能［超导磁储能（SMES）］；

3）用超级电容器储存电能。

图 2.1 对通用电能储存系统的主要功能进行了总结［MUL 13］。这一概要表明了一种中间能量形式，该形式代表着"真实"储能部分，或者更确切地说，代表着与内部状态高度可逆变化相对应的部分。因此，对于充电（储能）和放电阶段的传输来说，为用电环境准备一个或多个接口变换器是必要的。

为了将上述接口变换器的电能形式很好地转换为整个电力系统运行所必需的形式，常常需要一个电子功率变换器；通常是一个固定频率（交流）的正弦交流电压源，或是一个明显恒定值（直流）的连续源。它在通过卓越效能提供必要转换上发挥着主要作用，例如，使电动机在变速下运行，或分别在可变电压或可变电流下对电容器或电感器进行充电和放电。

最后，电子控制系统在提供许多重要功能方面是必要的，如转换控制功能（在变速下对电动机的转矩进行调节，对电动机的电流和/或电压进行调节）和安全保证功能（监控，一系列元件的平衡等），且最为重要的是，将荷电状态（SoC）或越来越偏爱的能量状态（SoE）通知用户。

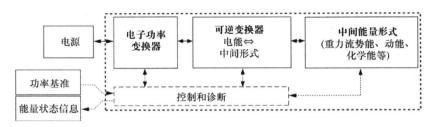

图 2.1   （可逆）电能储存系统的组件概要及其控制和诊断［MUL 13］

显而易见的是，一套（完整）储能系统包括两个组成部分：一个与能量容量相关，另一个与最大功率（充电与放电之间有时是不对称的）相关。

2.3   储能系统的特性

本节按照 Multon 等人［MUL 13］提出的分类，对储能系统的主要特性进行介绍。这些特性用来比较开发者所提出的各种技术，并针对某一项给定的应用对储能技术的选择进行指导。

2.3.1   储能容量

对于储能系统，理论上的最根本特性是其能量容量，用焦耳（J）或千瓦时（kWh）进行表示。它对于储能系统的尺度选择是一项最为重要的标准。然而，真正可利用的能量取决于对所储存的所有能量进行利用的可能性（放电深度的限制）以及能量损失。

2.3.2   最大功率和时间常数

最大充电或放电功率（有时不对称）代表了另一项重要特性，因为它限定了系统性能的最大能量输出。它对功率储存系统的尺度选择具有非常大的影响。

在给定的能量容量下，增加最大功率则要求增加系统某些部分的尺度，特别是电子功率变换器和与所储存的物理值或化学值接口的那些部分（例如，电化学电池的电极表面）。因此，尺寸大小、质量和成本会受到这一特性的影响。

可以通过能量容量与最大功率的比率对储能技术进行定性；这一比率有时被称为时间常数或最小充电/放电时间。当时间常数较小时（例如，小于 1h）且功率尺度影响相对能量尺度影响较大时，这些即被称为功率储存系统，反之则被称为储能系统。

2.3.3　能量损失和效率

在转换过程中出现的各种能量转换必然伴随着一些损失，这些损失在很大程度上取决于所考虑的技术。能量损失可以分为两类：

1）第一类，可以突显充放电损失；它们的第一近似值往往与功率潮流的二次方成正比。

2）第二类，可以表示为空载损失（在任何方向上均无功率潮流），这类损失也称为自放电损失。自放电损失通常取决于系统的能量状态，并随着能量状态的变化而增加。在电化学电池中，这些损失可能非常低，大约是每月百分之几的损失，而在飞轮中，损失会高得多，高达每小时百分之几。

利用这些不同的损失对每一循环的储能效率进行评估［MUL 13］。

2.3.4　老化

和其他物体一样，储能系统也会由于受到应力尤其是热应力而老化。其复杂性（系统内的多种技术）增加了老化机制的数量，但通常只有一些技术起主导作用，一旦确定，则将在宏观老化法则的制定中进行使用。

与老化有关的劣化程度是由能量容量等特性的劣化程度表现的，能量容量减少或损失，劣化程度则增加；这通常在寿命周期内的后期会加速劣化过程，且如果未引起注意，则会因电涌而导致系统故障。实际上，在相同的能量流下，能量容量的减少会使相对应力增加（更密集的循环），且增加的损失会引起更严重的发热，这本身也加速了劣化。

由于在很大程度上与温度相关，即使不存在能量交换，这些劣化也会随着时间和充放电周期（速度、频率和放电深度）而发生。

2.3.5　成本

投资成本对买方而言是最值得注意的一部分，但是，具有最低投资成本的系统一般是劣化最快的，特别是在循环方面，其效率（或）是最差的。

对于时间常数较长的蓄电池（储能），通常用欧元/kWh 来说明成本；而对于时间常数较短的以功率为尺度的蓄电池（功率储存），则通常用欧元/kW 来说明成本。

运行成本，包括寿命周期内的保养、维修和能量损失（可能通过其在充电阶段与放电阶段之间的价值差进行加权）也必须加以考虑。

因此，寿命周期内的老化和损失对于确定完全的经济平衡是至关重要的。此外，在可持续发展系统中，还必须考虑主要材料和灰色能量的支出以及从制造到回收的额外环境成本。

2.3.6　能量和比功率

特别是在机载应用的情况下，质量和体积是重要特性。从这一角度来看，电化学技术提供了最好的性能，其质能可达 200Wh/kg，但这仍然常常不足。

显示功率和质能的 Ragone 图常用来比较各种技术，并显示它们特有的能量/功率妥协。

图 2.2 所示为对几种电化学技术和超级电容器进行比较的一个简化例子。

当比功率增加时，变换器部分的质量和体积也会增加，导致整体能量密度降低。但是请注意，Ragone 图通常不考虑完整储能系统的所有组件，而是仅限于其核心，特别是不包含电子功率变换器。此外，在给定的尺度下，与功率相关的应力增加会导致更大的损失，从而降低有用的能量容量。图 2.2 结合了技术尺度选择变体以及损失的影响，对于一个给定组，这会产生一个能量密度，该能量密度随着功率密度的增加而减少。

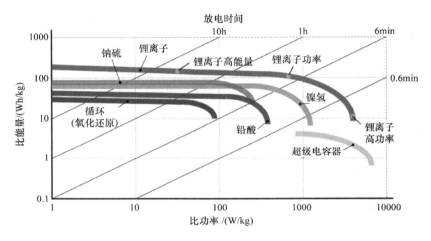

图 2.2　一些电化学技术和超级电容器的 Ragone 图例［MUL 13］（该图的彩色版本请参见 www.iste.co.uk/robyns/powergrids.zip）

对于固定应用，整个储能系统有时安装在一个标准的箱子内，所占用的地面面积是一项重要标准。因此，根据不同的应用（在能量或功率方面），另一个重要特性是表面能或功率（kWh/m^2 或 kW/m^2）。

2.3.7　响应时间

并非所有的能量转换现象都具有相同的动力学，一些技术与其他技术相比可以更快速地输出最大功率。

在飞轮系统中，由于速度只是受到与飞轮相连的电动机的电磁转矩动态的限制，所产生的响应时间根据规模大约只是几毫秒，所以，可以非常迅速地输出功率。相反，水轮泵站需要 1min 到几分钟的时间才可达到满功率。

2.3.8　灰色能量

类似于投资成本，灰色能量是指制造和回收系统所需要的一次能量，它是纳入储能装置的系统寿命周期内能量平衡计算的一项重要特性。目前这些数据尚不充足，不可用于对所有的技术进行客观比较，也不可用于考虑老化影响［MUL 13］。

2.3.9　能量状态

无论是任何应用，了解能量状态对合理管理储能系统至关重要。能量状态的定义如下：

$$SoE = E/E_{sto} \tag{2.1}$$

式中，E 为在给定时刻的储能量，即如果没有放电损失（取决于放电效率，可有效恢复的能量值一定较低）时可用的总能量；E_{sto} 为储能容量。

因此，100% 的能量状态值对应于充满电的状态，0% 的能量状态值对应于深度放电（最大可能的放电）。由于各种原因，多数储能系统不能接受深度放电状态，因为深度放电会使电化学电池过度老化或使其可允许的最大储能容量降级。但是，也有可能在确定能量容量时已考虑了实现完全放电的不可能性。

对能量状态的评价是基于对所实施的物理或化学现象的观察。

在飞轮中，对飞轮的旋转速度进行简单的测量就可得到能量状态值信息。

在超级电容器或超导电感器中，分别测量电压和电流可得到相对精确的能量状态定义。

对于其他"物理"系统，我们可以引用抽水蓄能电站（STEP）一个水库的水位，以及压缩空气罐的压力来评价。

最后，电化学电池具有所有的具体特性，但最可靠的方法是使用电量分析法，这种方法是结合修正法对电荷进行代数测量，以便在电化学电池对荷电状态足以敏感时，考虑充电或放电系统和/或电动势测量的影响。荷电状态通常是给定的，与其相对应的是与额定容量相关的累计电荷量（单位为 C 或 Ah），如果电动势相对独立于荷电状态，荷电状态则类似于能量状态。

同时，根据能量状态或荷电状态的指示，我们看到健康状态（SoH）或老化状态的指标，特别是对于电化学电池而言；这些指标基于参数（如欧姆电阻或电容量）变化的估计值和测量值对劣化程度进行评估。

2.3.10　其他特性

根据不同的应用，其他特性也是很有用的，例如，与安全有关的那些应用。任何储能系统都存在失控、浪涌反应等潜在风险。每一种技术都有其特有的风险。

最后，如果我们考虑大规模部署储能装置，必须考虑其使用的主要材料的稀有性。

2.4　水力储能

2.4.1　水力储能原理

通过液压泵储能广泛应用于电网中。法国已建造了储存容量为 4200MW 的这种抽水蓄能电站。但是，这种长期的大容量储存需要大量的空间和巨大的垂直落差；这就是首先在山区开发这种储能的原因。

图 2.3 所示为水力储能的原理。在储能阶段，从较低的水库抽水。在发电阶

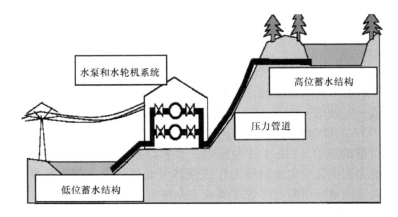

图 2.3 水泵水轮机电站的原理 [MUL 03]

段，通过水轮机将这些水转换为电能。在储能阶段（抽水）和发电阶段（转变为机械能）使用同一个水泵和水轮机系统。

抽水蓄能电站是大容量存储所用的最普遍的方法；其投资成本最低，每一循环效率较高（取决于尺寸，介于65% ~85% 之间），且寿命非常长（几十年）[MUL 13]。第一座抽水蓄能电站建于法国，位于孚日山脉的黑湖上。此后，法国建造了大量山区抽水蓄能电站，如法国的大屋（Grand Maison）（1700MW）、蒙泰齐克（Montézic）（4 × 220MW）、勒万（Revin）（4 × 180MW）和勒谢拉（Le Cheylas）（2 × 240MW），比利时也建造了库 – 特鲁 – 瓦蓬（Coo – Trois Ponts）（1060MW）[BOY 13] 抽水蓄能电站。

另外，也可以利用地下空腔与地面或海面与附近山区盆地之间的立体交叉。日本冲绳的海洋抽水蓄能电站已投入运行，法国电力公司（EDF）在留尼旺岛、瓜德罗普岛和马提尼克岛都建有项目。

环形人工岛屿的建设正处于开发阶段，该岛屿会用来储存海上风电场所发出的电能。比利时计划在韦德（Wenduine）市附近距海岸 3km 的地方建设一座岛屿；该岛屿的延伸直径达 2.5km，高于海平面 10m。

2.4.2 练习：黑湖电站

白湖和黑湖是孚日山脉的两个湖泊，垂直落差为120m。它们构成了两个水库，黑湖电站使水在这两个水库之间进行循环（见图2.4）。在用电量高峰期时，水由水轮机驱动从白湖流向黑湖。在用电量低谷时，且当电能比较便宜时，水从黑湖抽向白湖。黑湖电站装有四台机组，每台机组包括一台交流发电机、一台混流式水轮机和一台水泵。整体安装在一个单一的纵轴上，如图 2.5 所示（来源：国内电气工程汇总，1999）。

这座电站建于 20 世纪 30 年代，目前正在进行改造，将对该电站进行重建，并使其变速运行。

图 2.4　孚日山脉的黑湖和老水泵水轮机电站

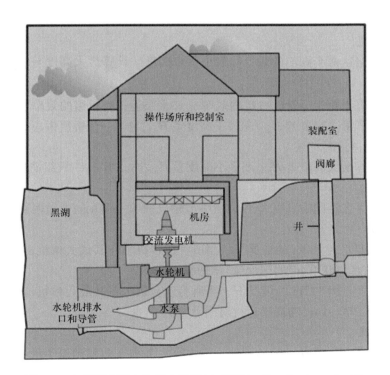

图 2.5　老黑湖水泵水轮机电站图解（Wikipedia, Crochet. david）

老电站的主要特性是：

1）总的可用功率：80MW；

2）水轮机/水泵组数：4 组；

3）单台机组功率：20MW；

4）最大高度落差：120m；

5）#1 ~ #4 水轮机的最大单机流量 Q_{ut}：25m³/s；

6）#1 ~ #3 水泵的单机抽水量 Q_{up}：13m³/s；

7）#4 水泵的单机抽水量：9m³/s。

白湖的总蓄水量为 380 万 m³。其最大和最小蓄水高度分别为 1057.6m 和 1041.1m。

黑湖的可用容量为 200 万 m³。其最大和最小蓄水高度分别为 950.5m 和 932m。

对于水轮机的运行，设计者提供了以下特性：落差为 100m 且水轮机流量为 25m³/s 时，交流发电机所提供的功率 P_{alt} 为 20MW。

对于水泵的运行，其特性如下：高度差为 117m 且流量为 13m³/s 时，交流发电机所消耗的功率 P_{alt} 为 20MW。

交流发电机 – 水轮机组和交流发电机 – 水泵组的效率被认为与落差和排水高度无关。

2.4.2.1 问题

1）请根据这两个湖泊的最大和最小蓄水高度，计算最大高度差 H_{max} 和最小高度差 H_{min}。

2）请计算水轮机运行时机组的效率 η_t 和水泵运行时机组的效率 η_p。

3）请计算最大高度差 H_{max} 和最小高度差 H_{min} 时，一台机组供应 20MW 功率时的水轮机流量并进行评述。

4）请计算最大高度差 H_{max} 和最小高度差 H_{min} 时，#1 ~ #3 机组消耗 20MW 功率时的水泵流量。

5）请计算在相同的高度差下，利用水轮机回收 1kWh 的电量时抽水系统的用电量（kWh）。

6）在高度差为 100m 的情况下，当所有四台机组在其最大单机流量下运行时，计算水轮机放水 200 万 m³ 的理论运行时间。

7）在高度差为 117m 的情况下，当所有四台机组在其最大单机流量下运行时，计算水泵抽水 200 万 m³ 的理论运行时间。

2.4.2.2 答案

1）最大垂直落差 H_{max} 为白湖处于最大额定蓄水量而黑湖处于最小额定蓄水量时的水位差。

$$H_{max} = 1057.6m - 932m = 125.6m$$

同样，$H_{min} = 1041.4m - 950.5m = 90.9m$

2）如果我们用 P_h 表示水力功率，则效率应根据以下公式确定：

已知 $\eta_t = P_{alt}/P_h$，且 $\eta_p = P_h/P_{alt}$

水轮机运行时，$P_h = Q_{ut} \cdot p_e \cdot H \cdot g = (25 \times 1000 \times 100 \times 9.81) W = 25.525 MW$

$$\eta_t = P_{alt}/P_h = 20/24.525 = 0.8155$$

水泵运行时，$P_h = Q_{ut} \cdot p_e \cdot H \cdot g = (13 \times 1000 \times 117 \times 9.81) W = 14.921 MW$

$$\eta_p = P_h/P_{alt} = 14.921/20 = 0.746$$

因此，储能系统的总效率为 $\eta = \eta_t \cdot \eta_p = 0.608$。

请注意，现代抽水蓄能电站技术，特别是可变速度技术，能够使储能系统实现更高的效率。

3）当效率和电功率为恒定时，流量与落差高度成反比，或：

在 H_{max} 情况下，$Q = (25 \times 100/125.6) m^3/s = 19.9 m^3/s$。

在 H_{min} 情况下，$Q = (25 \times 100/90.9) m^3/s = 27.5 m^3/s$。

当高度差小于 100m 时，由于水轮机的最大流量不能超过 $25 m^3/s$，所以，不可能提供 20MW 的功率。

4）当效率和电功率为恒定时，流量与水位高度成反比，或：

在 H_{max} 情况下，$Q = (13 \times 117/125.6) m^3/s = 12.11 m^3/s$。

在 H_{min} 情况下，$Q = (13 \times 117/90.9) m^3/s = 16.73 m^3/s$。

5）能量效率是指水轮机所转换的能量与水泵抽水所消耗的能量之比，$\eta = \eta_t \cdot \eta_p = 0.608$。由此，我们可以推断水轮机转换 1kWh 的能量所需的用电量为

$$W_{pumped} = 1/(\eta_t \cdot \eta_p) = 1.643 kWh$$

6）四组机组耗水量为 $100 m^3/s$，则 200 万 m^3 的蓄水量将使运行时间长达

$$T_t = (2000000/100) s = 20000 s，或 5h33min$$

7）四组机组抽水量为 $48 m^3/s$，则抽水 200 万 m^3 需要的时间为

$$T_p = (2000000/48) s = 41666 s，或 11h34min。$$

2.5 压缩空气储能

2.5.1 压缩空气储能原理

众所周知，利用压缩空气可以储能，且该方法已大规模使用了 30 多年。图 2.6 所示为压缩空气储能（CAES）系统的说明性运行图解。在储能或加载阶段，将空气压缩到大的地质空腔（盐洞、采矿洞穴或岩石洞穴）中，或压缩至加压气瓶中（较小规模）。当需要发电（缩减储能阶段或放电）时，空气被引入驱动发电机的燃气轮机中。

有三种不同类型的压缩空气储能技术：第一代燃气压缩空气储能、第二代燃气压缩空气储能和绝热压缩空气储能。

2.5.2 第一代和第二代压缩空气储能

第一代压缩空气储能系统于 1978 年在德国托夫市（Huntorf）投入使用。其额

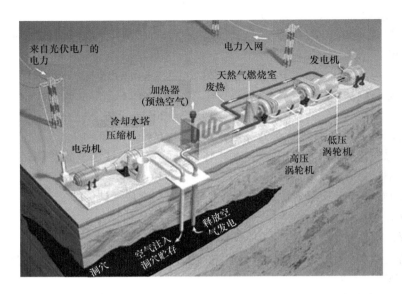

图 2.6 压缩空气储能系统的运行图解［CLI 15］（该图的彩色版本
请参见 www.iste.co.uk/robyns/powergrids.zip）

定放电功率为 300MW，可用时间超过 3h。

第二代压缩空气储能系统于 1991 年在美国的麦金托什（McIntosh）投入运行。它所提供的最大放电功率为 110MW，可用时间超过 26h。

图 2.7 所示为第一代燃气压缩空气储能系统的运行图解。

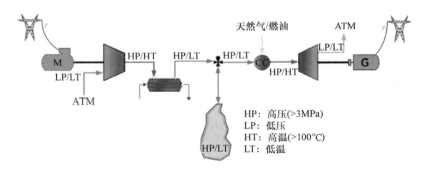

图 2.7 第一代燃气压缩空气储能系统的运行图解（法国电力公司）

在充气步骤中，电动机驱动压缩机，增加引入空气的压力。空气通过一个热交换器进行冷却，然后储存在极深的地下洞穴中。在放气过程（膨胀阶段）中，通过使用额外的天然气，在燃烧室内对空气进行再加热，以便在一个类似于燃气轮机的机器内进行利用，该机器驱动发电机。这些类型装置的预期效率介于 48% ～ 50% 之间。为了恢复 1kWh 的电量到电网，有必要利用在抽水阶段所消耗的

0.75kWh 左右的电量，并在燃烧室中燃烧 1.22kWh 左右的天然气。

常规的压缩空气储能可以看作是利用低用电量期间廉价的能量做压缩功的一种方法，该能量不是通过天然气燃烧瞬间获得的。压缩空气储能不是一种纯粹的储能技术，因为它总是与化石燃料（天然气）的使用相关联。

第二代燃气压缩空气储能系统与燃气轮机或任何其他热源相连接，仍是有待成熟的一些概念。这些系统的工作原理与上一代的工作原理完全相同，但其设计不同或是"混合型的"，并基于对传统燃气轮机的改型。

这种类型的设施会在几年内在美国投入使用，且将能够：

1）使整体效率提高到 55%；

2）回收燃气轮机或任何其他热源的能量副产品，以在膨胀期间对离开洞穴的空气进行再加热（联合循环原理）；

3）对所使用的装置进行标准化，以降低投资成本。

2.5.3 绝热压缩空气储能

最新一代的压缩空气储能被称为"绝热"压缩空气储能，其通过蓄热系统的中间介质回收压缩热，从而使估计效率达到 70%。

它的主要特性是：

1）利用蓄热对压缩热进行回收，利用回收的热能对离开洞穴的空气进行再加热；

2）不再使用额外的天然气来驱动燃气轮机为发电机提供动力，将使用阶段的污染排放物降低至零。

图 2.8 所示为第三代压缩空气储能系统的运行图解。

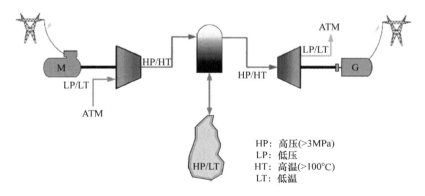

图 2.8　绝热压缩空气储能系统的运行图解（法国电力公司）

在充气步骤中，压缩过程包括用于从空气中回收热能的蓄热。在膨胀阶段，压缩空气驱动汽轮机来为发电机提供动力。

其主要优点是减少污染物排放，且显著提高效率。另一方面，投资成本仍然非常高，因为这种类型的技术仍然处于论证阶段。

2.5.4 空气储能

压缩空气储能有三种可能类型的解决方案:

1) 为压缩空气储能专门开发的盐洞或用于产盐并改造用于压缩空气储能的现有洞穴;

2) 含水地层或岩石地层;

3) 采矿洞穴以及为压缩空气储能专门挖掘的洞穴,或改造的现有洞穴;矿山、采石场和关闭的地下储能区。

选择最合适的场地,应考虑地质特性,主要包括:

1) 深度介于 200~1000m 之间;

2) 洞穴的墙壁厚度;

3) 压力变化时洞穴的稳定性;

4) 出现的矿物质和氧化风险。

目前看来最适合压缩空气储能的技术,至少是从技术和经济角度来看,是通过溶解挖掘的盐洞。这种技术用于盐水生产和液态烃或天然气储存。目前,有两个运行中的压缩空气储能系统使用了盐洞。图 2.9 所示为位于托夫市(Huntorf)的洞穴运行图解,其最低工作压力为 4.6MPa,可以储存 30 万 m³ 的空气,压力达到 7.2MPa。

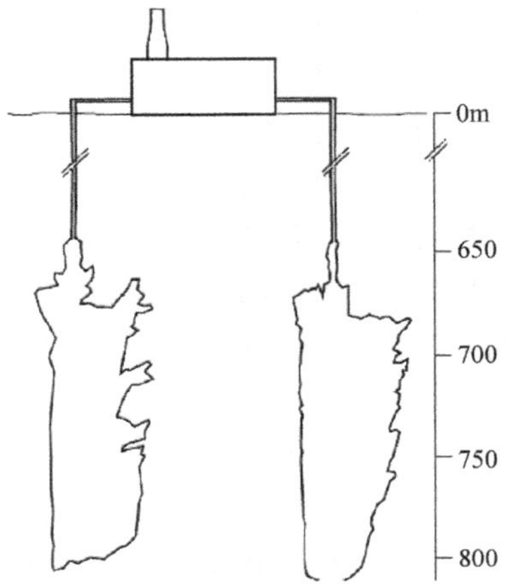

图 2.9 位于托夫市(Huntorf)的压缩空气储能洞穴 [DAN 12]

2.5.5 液压气动储能

液压气动储能(HyPES)或等温压缩空气储能(ICAES)是通过液压马达泵对罐中的气体(例如空气或氮气)进行加压(见图 2.10)。利用中间流体(油或水)得到相对较高的效率;在任何情况下,该效率都高于使用空气马达压缩机系统的效率,因为压缩和膨胀阶段可以是准等温过程 [MUL 13]。

这种类型的系统当前几乎不存在。在瑞士 [洛桑联邦理工学院(EPFL),Enairys 电力技术公司已启动],具有多级液压马达泵的 HyPES2 系统已投入使用,其特性为 80kWh - 15kW,容积为 5.8m³。在美国,SustainX 公司于 2009 年投入使用了一个 5 - 1kWh 的示范项目,且正在开发更强大的项目(几兆瓦)。

这些组件的潜在较低成本和极高的再循环能力使这类系统在固定应用中成为电化学技术的强大竞争对手。因此,从寿命周期内的成本上来看,该技术目前似乎是一个极有吸引力的解决方案。然而,目前还没有任何解决方案在市场上出售,尽管它们可能在不远的将来会在市场上出售。在效率 - 成本 - 容量方面的改进仍然是必要的,这是压缩空气罐周期性老化的更好表征,以便保证在寿命周期内的实际盈利能力 [MUL 13]。

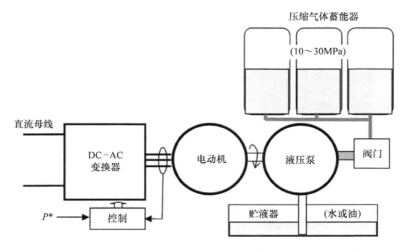

图 2.10 带有封闭空气回路的液压气动储能系统［MUL 13］

2.6 热态储能

有两种可能的高温热态储能方法:

1) 显热储能;

2) 潜热储能。

2.6.1 显热储能

这种方法是基于加载和释放某种物质的能量并使其温度变化这种简单的物理原理。因此,所储存的能量与所使用物质的质量、热容量和温度变化成正比。

半个多世纪以来,化工行业通过结合流体的传热和蓄热功能来利用熔盐。利用固体物质储存显热也被广泛使用;这些物质在采用防火陶瓷或混凝土的玻璃和冶金行业,或太阳能发电塔的沙流化床中作为回热器使用。

在新墨西哥州的阿尔伯克基(Albuquerque),阿海珐能源公司(Areva)在桑迪亚国家实验室的太阳热力学太阳能园区推出了利用熔盐的储能示范装置［ROB 12］,该装置将聚光器与线性菲涅尔反射镜结合在一起(见图 2.11)。熔盐用作传热流体,从熔盐中提取一个"冷"贮液器(290℃),与反射镜接触将熔盐加热至550℃,然后使熔盐通过一个热交换器,产生发电所需要的蒸汽。最后,将熔盐重新引回冷贮液器,并且该过程可以在一个回路中反复进行,或将其引入一个单独的贮液器进行储存。太阳能发电装置既可以在白天也可以在夜间发电。注意,在本例中,没有可逆的电力储存,只是蓄热支持高度可变的发电。

可以通过热抽运(泵热电力储存)得到一个真正的电力储存系统;这一概念包括利用热泵将能量以热的形式储存在具有高预期效率的廉价固体物质中［MUL 13］。在加载阶段,利用电力对工作流体进行压缩,并将其热量储存在一个高温容器中。

图 2.11　熔盐在太阳热力学太阳能发电装置中用作传热流体（来源：Randy Montoya）

在释放时，利用加压的高温流体为汽轮发电机提供动力。每一循环的效率估计在70%左右。

2.6.2　潜热储能

尽管它呈现出更高的能量密度，但由于汽相占有的体积过大，因此，难以利用液态 – 气态的潜热储能。

在另一层面，对液态 – 固态的潜热（其储能容量较低，但仍比显热的储能容量高很多）在较宽温度范围内的储能进行了深度研究。在所研究的温度范围内（约650℃），只有无机盐可以使用，但其属性的循环稳定性仍有待评估。

2.7　化学储能

电力可以以电化学的形式储存在一次性电池中，一次性电池的用途是不可逆的，也可以储存在可充电的蓄电池中。电力也可以通过电解水获得氢气，以氢气的形式进行储存；这一过程通过燃料电池是部分可逆的，由氢气和氧气产生电力。

2.7.1　电化学储能

电化学电池组，通常被称为蓄电池，通过电极氧化/还原反应使其内部的化学物质逐渐转换，从而以低电压连续电流的形式为外部电路供应电能。在转换（放电）结束时，储能被清空。可以通过相反的电化学反应，对这些蓄电池进行充电 [MUL 13，GLA 12]。

蓄电池主要用于地面运输，特别是在汽车中用作起动蓄电池。这些蓄电池中的大多数（95%）是铅酸电池，但也有其他技术，如镉镍电池和锂离子电池以及液流电池，它们使用不同的电解耦合 [BOY 13]。

电化学电池在电网中的使用已经进行了大规模的试验，并有几个大型电力储能蓄电池在使用中。

2.7.1.1   铅酸电池

这种类型的蓄电池在热机汽车行业得到了广泛应用，这种技术的历史悠久（见图 2.12）。这种蓄电池已有 100 多年的历史，由于其成本低廉，仍然保持着竞争力。这种蓄电池有两种类型：开放铅蓄电池和气体复合蓄电池。前者的寿命较长，介于 5 ~ 15 年之间。与后者相比，前者更便宜且对温度不那么敏感，而后者不需要任何维护且气体排放量非常低。作为市场上最便宜的技术，这些蓄电池的缺点是充电/放电的循环次数比较少（500 ~ 1000 次深度循环）且比容量相对较低（为 30 ~ 40Wh/kg）。最大的电站位于加利福尼亚州的奇诺（Chino），其容量为 40MWh，功率为 10MW，储能效率通常约为 70%［BOY 13］，但其高度依赖于充电和放电系统，并且储能效率可以更高。

图 2.12   艾诺斯（EnerSys）的铅酸电池：24 组，额定电压为 48V，额定电流为 200A，
功率为 10kW，容量为 1000Ah，放电深度为 72.5%，完整循环次数
估计为 1335 次（L2EP AMPT Lille）

2.7.1.2   锂离子电池

锂离子电池在放电时，利用从负极（通常由石墨制成）到过渡金属氧化物（锰或二氧化钴）的锂离子循环来产生电流（见图 2.13）。这项技术的优点是，其提供的质能密度（介于 80 ~ 150Wh/kg 之间）比经典的铅酸电池高出 5 倍以上。此外，与其他蓄电池相比，这些蓄电池会有相对较低的自放电，且几乎不需要维护。其预期的深度充电/放电循环次数介于 1000 ~ 4000 次之间，并且对于更低的放电深度，其循环次数高得多。然而，它们的成本较高，对它们的竞争力持续产生负面影响。可回收性以及寿命周期结束时的处置也是研究领域之一，并已取得了显著进展［BOY 13，TES 13，GLA 13］。

目前，主要有三种技术［COR 13］：

1）锂离子（Li - ion）技术，其中，由于使用插入化合物，且由于负极（通常由石墨制成）和正极（二氧化钴、锰和磷酸铁）的存在，锂保持离子状态。锂离

图 2.13　帅福德（Saft）公司的锂离子电池：额定电压为 48V，充电电流为 32A，放电电流为 44A，能量为 3900 Wh，比能量为 130 Wh/kg，80% 放电深度的循环周期为 4300 次（L2EP HEI Lille）

子电池供应巨大的能量密度，平均值为 150Wh/kg；它们具有很低的自放电率，无记忆效应，且不需要维护。为了减缓其老化过程，最好使用放电深度低的锂离子电池。如果它们在恶劣条件下充电，会有爆炸的危险，所以，设计师们为这些蓄电池开发了适应的安全系统［电池管理系统（BMS）］。

2）锂离子聚合物（Li-Po）技术，其中，电极材料与锂离子电池技术的完全相同，但电解质由聚合物凝胶组成。锂离子聚合物电池比锂离子电池重量轻且更安全，但价格更昂贵。

3）锂金属聚合物（LMP）技术，其中，负极由金属锂制成。锂金属聚合物电池的能量密度为 110 Wh/kg 左右，且整体是固态，从而降低了爆炸的危险；其没有记忆效应，最佳工作温度为 85℃。

2.7.1.3　钠硫电池

钠硫（NaS）技术利用液体电极进行工作。对于这种技术，必须将温度维持在 290～350℃ 之间。电极是电化学反应的部位，是由液态钠和硫构成的。将两个电极分开的电解质是陶瓷材料，能保证良好的离子传导。在非临界条件（放电低于80%）下，其寿命可以达到 15 年，超过 4000 个循环周期。

钠硫选项可以用于大容量（几兆瓦和几兆瓦时，典型时间常数为 7h），这使其适合于支持电网的储能系统。钠硫电池已在留尼汪岛（1MW）和得克萨斯州（4MW）投入使用，且在日本已有许多应用（例如，7 组 2MW 或 34MW、总容量为 244.8MWh、效率为 75%、与 51MW 风电场相关联的钠硫电池，见图 2.14）。钠硫技术使用广泛可用的低成本材料（硫化钠、氧化铝和铝），对固定蓄电池储能、电网调节及电站运营优化来说是一项具有吸引力的解决方案，能够在数小时之内优化电站运营［BOY 13］。

图 2.14　日本的 17 组 2MW 钠硫电池［KAW 10］

2.7.1.4　镍基电池

这些电池采用镍镉（NiCd）和镍金属氢化物（NiMH）技术，这两种技术每一极板的电动势达 1.2V 左右。质量性能比铅酸电池高 2 倍，且功率性能优异［MUL 13］。

镍镉技术最初满足了大众在电子应用方面对小型蓄电池的普遍需求，但由于镉的毒性，现在这一领域禁止使用镉，且镉只能用于专业用途。目前，这种技术通常在叉车中使用，在 20 世纪的最后几年，这种技术也用于电动汽车。在阿拉斯加，这种技术也用作大型电网的支持结构［REE 03］，其中 1000t 镍镉电池可提供 40MW 长达 7min（4.7MWh）以及 27MW 长达 15min（6.7MWh）。

在更广阔的公众市场，镍金属氢化物技术已经部分取代了镍镉电池技术。它使得避免使用镉成为可能，同时将质能量从 60Wh/kg 增加到 80Wh/kg，且比能量几乎翻番。该技术也用于丰田公司混合动力驱动链中所使用的动力蓄电池［MUL 13］。

2.7.1.5　电解液循环电池

循环电池（液流电池）让规避经典电化学电池的局限性成为可能。在传统的电化学电池中，电化学反应产生固体化合物，这些化合物直接储存在他们所形成的电极上，因此，局部积累的质量必然会受到限制，这反过来又限制了容量。如图 2.15［ROB 05a］所示，在电解液循环电池中，负责储能的化学化合物是液体，是电解液中的溶液，并在储箱与电化学转换器本体（称为电池堆）之间泵送。后者的容积是按照功率确定的，而电解液储箱的容积是按照能量确定的。

迄今为止，已发展了三种技术：

1）基于钒和硫酸［VRB 公司和日本住友商事株式会社（Sumimoto）]；

2）基于锌溴（数家公司，其中包括 ZBB 公司）；

3）基于溴化钠和多硫化钠（Regenesys 公司）；后一种技术似乎正面临着令人

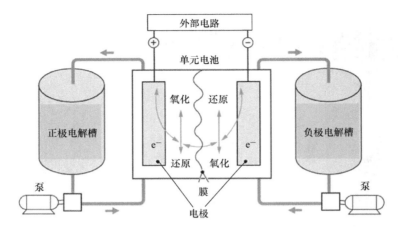

图 2.15 电解液循环电池的原理［ROB 05a］

望而却步的困难。

钒技术［电动势（EMF）为 1.7V］似乎是其中最有前途的，寿命长（超过 10000 次循环），具有非常有吸引力的潜在成本储能比，但这种技术与钒的价格有关。

高容量系统（从约 100kWh 至约 10MWh）或多或少正处于先进实验阶段。在给定值下，全钒氧化还原液流电池（VRB）系统电池堆的功率密度为 30W/kg（其峰值为 90 W/kg），每次充电/放电循环的时间为数小时，每一循环的效率为 83% 左右，而电解液的能量密度约为 15kWh/m³［MUL 13］。

2.7.2 氢气储能

氢气储能系统使用电解槽。在电力储存期间，电解槽按照化学方程式 $2H_2O = 2H_2 + O_2$ 将水分解为氧气和氢气。然后将这种气体以液体、压缩气体或固体形态进行储存；在后一种情况下，则通过生成化学化合物的方式，通常是金属氢化物。因此，有三种不同的方式，将氢气所产生的电力重新送入电网［BOY 13］：

1）为燃料电池提供动力，假定对氢气进行处理，达到一定的纯度；

2）通过甲烷化过程合成天然气，将其直接注入现有的天然气网络，或者用其为传统的发电燃气装置提供动力；

3）最后一种，直接在专门为此目的而设计的燃气装置中使用氢气。

氢气储能是很有利的，因为它具有非常高的能量密度，并且可以用来储存大量的能量。然而，目前氢气储能有几个缺点：过程效率低，最多为 30% 左右；成本高；功率有限；电化学元件寿命短；最后，氢气存在一些特定的安全问题。

200kW/1.75MWh 的示范装置作为可再生氢气并网项目（MYRTE）的组成部分，最近在维尼奥拉的科西嘉岛上阿雅克肖附近投入使用，旨在对 560kW 光伏电站的运行进行优化管理。该可再生氢气并网项目的目标是开发一套系统和指导战略，改善岛屿电网的管理和稳定性，以使任意可再生能源在非互联区域的比重超过30%［BOY 13］。

2.8 动能储能

按照关系式（2.2），储存在旋转质量中的能量取决于该质量的惯性时间 J 及其角速度 Ω。

$$E = \frac{J\Omega^2}{2} \tag{2.2}$$

为了限制其质量，关系式（2.2）表明，在给定的能量下，这一飞轮必须高速旋转。我们根据转速是否高于或低于 10000r/min，区分低速和高速飞轮。这两个速度范围之间的界限也以飞轮的圆周速度进行表示；因此，低速对应于小于 100m/s 的速度。当速度较快时，必须利用磁轴承来限制由速度决定的摩擦损失（见图2.16）。鉴于这一原因，最好将飞轮放置在真空环境中。这些制约条件使得惯性储能系统耗资巨大，但也使它们的体积和重量减小，从而使它们非常适合于机载应用［HEB 02］。在固定应用中，例如，在电网中可看到的那些应用，体积和重量的制约条件不一定是关键性的，这就使得让飞轮通过传统的电动机驱动、在低速下运行的设想［BAR 04，ROB 05b］成为可能。

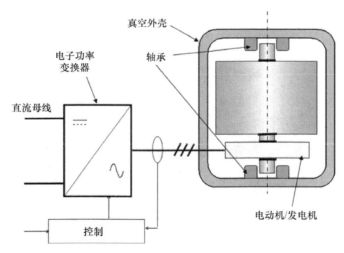

图 2.16 动能储能系统的原理［MUL 13］

这种储能系统的响应时间非常短，且寿命较长。它可以在大量的循环周期内吸收非常大的功率变化。飞轮寿命较长（超过 20 年）且其恢复功率显著（1h 可恢复1MW 的功率），这些使其成为有利的短期储能系统，非常适用于调节、系统能量优化以及现行质量提高（降低功率骤降和短暂削减等）等应用。由于 80% ~ 90% 的所吸收能量可以恢复，因此效率较高。响应时间很短，大约为 1ms，这使得利用这种类型的储能来调节电网的频率成为可能。该技术很可靠，且几乎不需要维护。其主要缺点是储能时间仅为15min［BOY 13］，即使飞轮的容积已按照约1h的时间常数（由美国Beacon Power公司确定）确定，这表明了其技术的可行性。

2.9 静电储能

超级电容器是专门用于功率储存而非能量储存的组件。它们采用单元电池的形式，以静电形式储存功率。它们有巨大的质量功率，从理论上讲，约为10kW/kg，支持的充电/放电循环次数介于50万～100万次之间。超级电容器的原理是，通过离子溶液（电解液）与电子导体（电极）之间界面处的电荷集聚而产生一个双电化学层。不像蓄电池，其不存在氧化还原反应。铝膜上的活性炭沉积层用来获得大表面，因此，比容量较高。电极浸没在水性或有机电解液中。电荷储存在电极－电解液的界面上。响应时间为几秒钟［BOY 13］。最大电压等级为2.7～2.85V的几个元件相互串并联布置，以实现在实践中可利用的电压值和容量。市场上可用的超级电容器将电力电子学纳入其中，确保各单元装置充电与放电之间的平衡（见图2.17），而不需要保持平衡来适应超级电容器所连接的连续母线。所储存的能量取决于容量和超级电容器端子电压的二次方：

$$E = \frac{CV^2}{2} \tag{2.3}$$

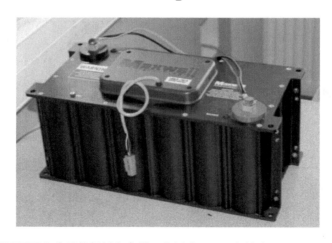

图2.17 MAXWELL公司的超级电容器：电压为48V，容量为165F（L2EP HEI Lille）

2.10 电磁储能

SMES表示超导磁储能。电能可以通过流入超导线圈的电流进行储存，线圈冷却到其临界温度以下（见图2.18）。由于超导材料中几乎不存在损失，其电阻为零，所以，电流在线圈中几乎无限期地进行循环。因此，超导磁储能构成了可以在很短时间内（几秒钟或更短的时间）恢复的电磁能量储备。所储存的能量取决于线圈的电感和线圈中循环电流的二次方：

$$E = \frac{L\,i^2}{2} \tag{2.4}$$

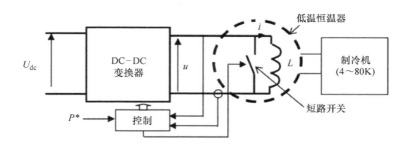

图 2.18　超导磁储能的运行图解［MUL 13］

　　根据所储存的能量，就超导磁储能在电网上的可能用途，我们可以区分出三组用途［BOY 13］：

　　1）不间断电源（所储存的能量约为数千瓦时）；

　　2）局部范围内的平稳发电量或用电量（所储存的能量为 1～100MWh）；

　　3）通过调节功率传输稳定电网［柔性交流输电系统（FACTS），所储存的能量大于 100MWh］。

　　对于这些应用，相对于传统的解决方案，超导磁储能具有一些真正的优势：

　　1）能量转换效率高（高于 85%）；

　　2）响应时间非常短；

　　3）寿命长（可以进行很多次充电/放电循环）。

　　超导磁储能的大小是可调节的，并且可以用于获得 10kW～5MW 的容量，期望目标值为 100MW。由于超导材料和制冷机械仍极为昂贵，投资成本给这项技术的发展带来了巨大障碍。此外，超导线圈冷却所消耗的能量降低了该装置的总体效率；目前已经投入使用的那些装置主要是示范试验［BOY 13］。

2.11　储能技术的对比性能

　　表 2.1 所示为各种长期储能技术的特性值：效率、储存密度、充电/放电循环、寿命以及功率和能量的资本支出（CAPEX）（总的资本支出＝功率和能量的资本支出之和）［MAR 98，BOY 13，MUL 13］。

　　表 2.2 所示为各种短期储能技术的特性值：效率、储存密度、充电/放电循环、寿命以及功率和能量的资本支出（总的资本支出＝功率和能量的资本支出之和）［MAR 98，BOY 13，MUL 13］。

表 2.1　各种长期储能技术的特性值

中间能量	储能系统	效率	储存密度 /(kW/m³)	循环类型	寿命	功率资本支出 /(欧元/kW)	能量资本支出 /(欧元/kWh)
重力流	液压泵储能	0.7 ~ 0.85	1000m 落差为2	天、周、季度	40 ~ 50 年	500 ~ 1500	70 ~ 150
压力	空气压缩机	0.5 ~ 0.65	2 ~ 5	天、周	30 年	400 ~ 1200	50 ~ 150
热量	潜热或显热储能	0.65 ~ 0.85	20 ~ 150	天			
化学能	电化学电池	0.65 ~ 0.95	5 ~ 150	数十分钟、数天	1000 ~ 12000 次循环	500 ~ 3000	150 ~ 1200
化学能	通过电解和燃料电池的氢气储能	0.25	<100	天、季度	5 ~ 10 年	6000	<500

表 2.2　各种短期储能技术的特性值

中间能量	储能系统	效率	储存密度 /(kW/m³)	循环类型	寿命	功率资本支出 /(欧元/kW)	能量资本支出 /(欧元/kWh)
动能	飞轮	0.7 ~ 0.9	10 ~ 100	数十分钟	10 万次循环	500 ~ 2000	2000 ~ 8000
电磁	超导线圈中的电流	>0.9	0.1 ~ 5	数毫秒至数秒	20 ~ 30 年	300	> 10000
静电	超级电容器	0.9 ~ 0.95	1 ~ 10	数秒至 1min	50 万次循环	100 ~ 500	10000 ~ 20000

2.12　参考文献

[ACC 03] "Accumulateur: 40 MW pendant 7 minutes", *Revue de l'électricité et de l'électronique*, vol. 10, p. 8, November 2003.

[BAR 04] BARTON J.P., INFIELD D.G., "Energy storage and its use with intermittent renewable energy", *IEEE Transactions on Energy Conversion*, vol. 19, no. 2, pp. 441–448, June 2004.

[BOY 13] BOYÉ H., "Le stockage de l'énergie électrique, Panorama des technologies", *REE* No.3/2013, pp. 30–41, 2013.

[COR 13] COROLLER P., PASQUIER M., "Les challenges "batteries" et "infrastructures de charge" du véhicule électrique", *REE* No.1/2013, pp. 49–56, 2013.

[CLI 15] climatetechwiki.org/technology/jiqweb-caes.

[DAN 12] DANESHI H., SRIVASTAVA A.K., "Security-constrained unit commitment with wind generation and compressed air energy storage", *Generation, Transmission & Distribution, IET,* vol. 6, no. 2, pp. 167–175, February 2012.

[GLA 12] GLAIZE C., GENIÈS S., *Lead and Nickel Electrochemical Batteries*, ISTE, London and John Wiley & Sons, New York, 2012.

[GLA 13] GLAIZE C., GENIÈS S., *Lithium Batteries and Other Electrochemical Storage Systems*, ISTE, London and John Wiley & Sons, New York, 2013.

[HEB 02] HEBNER R., BENO J., WALLS A., "Flywheel batteries come around again", *IEEE Spectrum*, pp. 46–51, April 2002.

[KAW 10] KAWAKAMI N., IIJIMA Y., SAKANAKA Y. *et al.*, "Development and field experiences of stabilization system using 34MW NAS batteries for a 51MW wind farm", *IEEE International Symposium on Industrial Electronics (ISIE)*, Bari, pp. 2371–2376, 4–7 July 2010.

[MAR 03] MARQUET A., LEVILLAIN C., DAVRIU A. *et al.*, *Stockage d'électricité dans les systèmes électriques*, Techniques de l'Ingénieur, Traité de Génie Electrique, D 4030, May 1998.

[MUL 03] MULTON B., RUER J., *Stocker l'électricité: oui, c'est indispensable et c'est possible. Pourquoi, où, comment?* Publication ECRIN en contribution au débat national sur les énergies, April 2003.

[MUL 13] MULTON B., AUBRY J., HAESSIG P. *et al.*, *Système de stockage de l'énergie électrique*, Techniques de l'Ingénieur, Traité de Génie Electrique, BE8 100, April 2013.

[REE 03] "Accumulateur: 40 MW pendant 7 minutes", *Revue de l'électricité et de l'électronique*, no. 10, p. 8, November 2003.

[ROB 05a] ROBERT J., ALZIEU J., *Accumulateurs. Accumulateurs "redox-flow"*, Techniques de l'Ingénieur, Traité de Génie Electrique, D3357, 2005.

[ROB 05b] ROBYNS B., ANSEL A., DAVIGNY A. *et al.*, "Apport du stockage de l'énergie à l'intégration des éoliennes dans les réseaux électriques. Contribution aux services systèmes", *Revue de l'électricité et de l'électronique*, vol. 5, pp. 75–85, May 2005.

[ROB 12] ROBYNS B., DAVIGNY A., BRUNO F. *et al.*, *Electric power generation from renewable sources*, ISTE, London and John Wiley & Sons, New York, 2012.

[TES 13] TESSARD R., PERRIN M., "Lithium-ion: état de l'art", *REE*, no. 3/2013, pp. 77–83, 2013.

第3章

电力系统中储能的应用和价值

3.1 概述

无论是由于引入了采用可变可再生能源发电的新模式，还是开发了电动汽车等新负载，在大家对所供电力的质量和价格抱有极高期望的背景下，电力系统在规划和实时管理方面正面临着更大的压力。新用途导致了新的制约条件，例如功率潮流反向，这是在一些电网设计中预先没有预料到的，还有需平衡的不确定性增加以及控制动态增加。由于储能按需耗电或发电的能力，以及储能所具有的及时输送能量块的可能性，为储能提供了一种灵活性，该灵活性似乎有利于电力系统和可再生能源的开发。并网时，储能可为各利益相关者提供服务。

在本章3.2节中，我们将介绍电力系统组件的一般特性。20世纪开发的电力系统的典型组织是基于所谓的"集中式"、非常高功率的发电厂，主要集中在靠近冷源（火电厂）的地方，以及具有有利自然特点的地区（水电站）。这些发电厂与输电网相连，由输电网将电力送至全国的用户，并确保通过互联线路与周边国家进行交换。特别是，为了降低远距离输送电力的线路的电流，从而降低热损失，该电网在非常高的电压下运行；在法国，全国范围的输电电压为400kV（这一电压等级在法国的术语中被称为HV-3级[一]）或225kV（HV-2级），地区范围的输电电压为90kV或63kV（HV-1级）。输电网连接成密集的网络，这尤其能够在发生事故的情况下保证用户供电的连续性，如出现不可预见的线路损耗时。大型工业用户，如铁路电网，直接与高电压等级的线路相连，而大多数其他用户则是通过配电网进行供电，配电网的输电距离最多可达数十千米，这将每一用户与一次变电站分开（在该国，有超过2000个一次变电站）。电力从一次变电站流出，首先在中压等级（在法国为20kV，最低为15kV）的线路上进行循环，然后在低压等级（在法国

[一] 在法国，输电网在高压等级下运行（法语简称为"HTB"，它规定相-相电压的额定方均根为 $U_n >$ 50kV）。区分为HV-1级（法语简称为"HTB1"：50kV $< U_n \leqslant$ 130kV）、HV-2级（法语简称为"HTB2"：130kV $< U_n \leqslant$ 350kV）和HV-3级（法语简称为"HTB3"：350kV $< U_n \leqslant$ 500kV）。配电网在中压等级（法语简称为"HTA"：1kV $< U_n \leqslant$ 50kV）和低压等级（低压：50V $< U_n \leqslant$ 1kV）下运行。

为400V）的线路上循环。与输电网不同，配电网正常运行时并不连接成网。任何电网装置都会出现计划中的和无法预料的不可用性，如有必要，应利用电源开关将中压电网重新配置为应急运行配置，以限制这种不可用性带来的影响。

20世纪所开发的电力系统管理主要是集中式的，并在高功率发电厂所连接的输电网层面进行管理。特别是，为了适应系统负荷随时间的变化，应利用负荷预测曲线提前规定这些发电厂的运行计划，且如果必要，应基于日内情况对其基准点进行调整。为了应对不确定性，集中式发电厂还要处理一些服务，这些服务对系统安全和保障以及对保持电压和频率在允许限值内至关重要。在这一传统运行方案中，配电网基本上是应对负荷，而本地的发电装置（小型水电、热电联产等）是非常微不足道的。只有从一次变电站流向用户的电流使它们如此交叉。在这些条件下，它们的容量选择应能在峰值需求时为每一用户正确供电，一次变电站中装备了高压/中压变压器的有载分接开关应足以控制其电压，并建立单向功率潮流时的保护方案。

中压和低压系统中分布式发电的发展大大改变了这种局面。当装机容量增加时，在一些电网中循环的功率可能会成为双向，这使其计划和运行复杂化。此外，风力发电及光伏发电等某些电源的可变性、不可预测性及发生干扰时，这些电源的反应会对电力系统的运行产生影响［ROB 04，ROB 06，ROB 12］。

21世纪欧盟内部电力市场的自由化导致了发电活动与商业化活动的分化，经过竞争，实现对输电网和配电网的管理。例如，在法国本土，输电网由法国输电公司进行管理，而配电网则由法国配电公司（ERDF）进行管理（占95%），或由160家本地的配电公司之一进行管理。在这一过程中，成立了法国能源监管委员会（CRE）这一独立的行政机构，以确保正常运行并遵守适当的竞争机制。更具体地讲，为了最终用户的利益，该委员会对组织化的市场进行监控，并确保访问公共电网的权限和电网管理者的独立性。

在间歇分散式发电和电力市场自由化不断发展的新形势下，已出现了各种技术解决方案，为可再生能源占有较高份额的电力系统的正常运行做出贡献，如①建设互联线路；②在配电网中引入新的装置和能量管理策略；③利用分散式发电机组所提供的控制能力；④需求侧管理。在各种可能的技术方案中，储能在未来电网中可能发挥着越来越重要的作用。近年来，随着各种新的电化学电池技术被整合到蓄电池壳体中，且其成本逐步降低，这种趋势已得到强化。

因此，我们将在3.3节中讨论储能可以为电力系统中从发电商到用户（包括电网运营商）的各利益相关者提供的一些服务。在每种情况下，除了可能适用的管理原则和方式外，我们还将试图勾画出技术要求，并在可能时，规定赋值的一些原则，甚至给出一些值，以便从文献中得到一些简单的方法或经验教训。

该讨论不是面面俱到的，但我们希望能让读者对该主题的范围及其复杂程度有个初步了解。为了对某些主题进行更进一步的了解，我们会提供一些更深入的解释，例如，关于电力系统安全性所依赖的控制以及储能在这一领域的贡献。然后，我们将从这些"全球性"的挑战转向本地制约条件。这些不同的应用可能会使影响多个领域的储能从"服务交互作用"中获利，并充分发挥其潜力，为运营商带来更多利益。在本章及其结论中，将会运用具体且多样化的例子来说明储能的潜在应用，以丰富该章节的全部内容。

根据法国当前的电网规程，如果储能装置的额定功率大于 12MW，就可以接入输电网中。因此，在本章中，我们将其称为"集中式"储能。对于可以接入配电网的低功率等级，我们将其称为"分散式""分布式"、甚至是"扩散式"储能，用于在低压下接入的数千瓦设施的储能。

3.2 电力系统介绍及其运行

电力系统是由发电装置、用电设备、电网和一个或多个控制中心构成的一个整体。它可能是小规模的，如孤岛电网（塞因岛、瓜德罗普岛等），也可能是全国规模的较大电网，可以在整个大陆范围内彼此互联。电力系统的开发和利用由不同的运营商进行，包括输电网和配电网的运营商。他们的主要目标是确保安全可靠的运行，并履行一些监管或合同义务，同时确保令地方当局满意的经济实绩。图 3.1 列出了电力系统的组织结构，并指出了本章概述部分所述的各种电网、电压等级和发电装置。

下面将详细介绍构成电力系统的各组件，从发电机到负荷，包括输电网和配电网。为了让读者进一步了解电网运营，我们将对控制装置进行更加深入的研究，为了确保电力系统的安全运行，输电系统运营商必须使这些控制装置系统化。我们将展示从法国实例中得到的一些技术细节和数值应用。

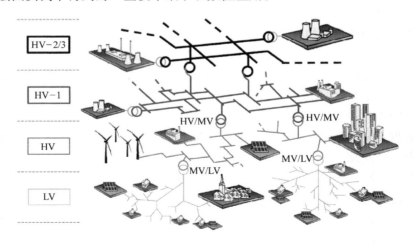

图 3.1　通过输电网和配电网的发电到用电：电力系统图示介绍

3.2.1 发电装置

电能的生产是通过将一次能源转化为电能，使满足一个国家或一个特定地区的电力需求成为可能。发电装置可以分为两类：集中式发电和分散式发电。以下各节将简要介绍这两种类型发电装置的特性。

3.2.1.1 集中式发电

由于经济原因（尺寸效应）或技术原因（控制有限数量高功率发电厂的容易性、水力发电的具体现场特点、涉及热力循环技术的冷源存在情况等），历史上，主要发电厂以地理集中的方式进行建设，这就是"集中式"发电。这种发电厂通常具有较高的单机功率，并会连接至电网［ROB 12］。

电力生产商设法使其投资有利可图。他们的工作以社会可接受性为目的，并遵守各种承诺，例如，他们对配套服务做出贡献的承诺。

最为广泛使用的技术是火电和核电发电机、燃气轮机和大型水力发电机。图3.2 所示为传统的锅炉发电厂的工作原理。在此图解中，通过煤炭燃烧（1）对加压的液态水进行加热，直至其被蒸发。然后，蒸汽被送入汽轮机高压缸（3），其流量由阀门（2）进行控制。蒸汽在汽轮机中膨胀，提供机械动力。然后对蒸汽进行再热（4），并将其送回汽轮机的低压和高压缸（5）。汽轮机的这些汽缸所产生的机械动力被传递给交流发电机（6），发电机将其转换为电力。最后，通过冷凝器（7）和冷却塔（8）对蒸汽进行冷凝，以便将其重新送入锅炉。

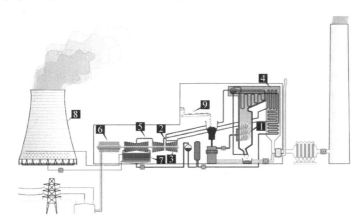

图 3.2 传统锅炉发电厂的运行［RWE 09］

（该图的彩色版本请参见 www. iste. co. uk/robyns/powergrids. zip）

1—锅炉 2—阀门 3—汽轮机高压缸 4—再热器 5—汽轮机低压和高压缸
6—交流发电机 7—冷凝器 8—冷却塔 9—燃煤

核电厂是基于通过核裂变反应释放出来的热量对水进行加热所得到的蒸汽。像其他过程一样，核电厂非常适合于基本负荷利用，这就是为什么法国会同时开发抽水蓄能，以优化其使用，并对用电量的显著变化进行管理。

集中式发电厂与被称为调度中心的控制中心相连，控制中心为发电厂发送基准点，以确保电力系统的安全性和可靠性。在常规发电机组中，通过供给"动力介质"（如通过图 3.2 中的进汽阀门）对有效功率进行控制，且通过作用在交流发电机上的励磁电压对无功功率进行控制。有关这些控制的更多细节将在本节后面进行介绍。

3.2.1.2 分散式发电

随着电力市场的自由化，新的投资者正在开发一些活动，特别是在电力生产、参与电网管理和需求侧管理方面的活动。然而，集中式发电的建设需要大量的资金，这就是为什么投资者优选风险较小的选择方案。此外，越来越多的环境问题以及化石燃料以后将消失的前景，使人们采用了有利于可再生能源发展的监管环境［DIR 09］。例如，法国已经对这些电源实施了一项 peed-in taripp 方案。所有这一切都鼓励新的小容量发电技术的开发，它们被统称为"分散式发电"［CRA 03］。

Ackermann 等人［ACK 01］将分散式发电定义为直接与配电网进行连接的，或位于输电网相连的工业场所下游的电源。然而，这种定义仍然具有争议，与历史上的发电情况不同，文献中通常将与输电网相连的几十兆瓦的发电厂看作是分散式发电厂，特别是当它们的一次能源是可再生能源的时候。在法国，2008 年 4 月 23 日颁布的法令对发电设施所连接的电压范围进行了规定，根据其功率不同，低电压的单相容量不得超过 18kVA，低电压的三相容量不得超过 250kVA，高电压的功率不得超过 12MW，例外情况下，高电压的功率不得超过 17MW。

用于分散式发电的技术差别很大，可分为两类：非可再生能源和可再生能源［CRA 03，ROB 04，ROB 12］。下面将简要介绍实践中所使用的主要技术。

在法国，风电和光伏发电目前在功率和站点方面分别占新并网数量的大多数。分散式发电设施的运营商主要寻求占据资源最有利的站点，并在符合本地并网可接受性和可能性（成本和时间延迟）的情况下最大限度地发电。

3.2.1.2.1 化石能源

利用天然气、煤炭和石油等化石能源的分散式发电已被人们广为接受。其主要技术是燃烧或蒸汽轮机和微型汽轮机，结合燃气轮机和蒸汽轮机、柴油机等的循环。

最近，出现了燃料电池，这是一种通过化学反应产生电和热的电化学装置。尽管存在各种类型的燃料电池，但氢气是最常用的；它可以是可再生的，也可以不是。这种技术的优点在于其效率，该效率在热电联产中可以达 75%，另一个优点则在于其可以用作储能手段［CRA 03］。然而，由燃料电池发电目前仍然处于论证阶段。

3.2.1.2.2 可再生能源

利用太阳、河流或海水、风、生物质和地热可以产生可再生能源。术语"可再生"是指这些能量经过一些时间，如每天、每年、甚至数年时间，可以连续性地或周期性地永久更新自身，树木就是这种情况［MUL 03，ROB 12］。换句话说，在给定的时间对其进行使用不会威胁到未来子孙后代对其进行使用的能力，不像从贮藏矿物中得到的化石燃料电源，这些贮藏矿物自身重组非常缓慢（超过数百万年或数亿年）或者自身根本不可能进行重组。

水能是目前对全球电力生产贡献最大的可再生能源［FRI 08，ROB 12］，占全球发电量的 16% 以上。生物质通过植物直接燃烧或由动物或植物产品分解所产生的气体燃烧进行发电。地热能利用地球的热量。在很大深度和较高温度（超过150℃）下，地热能可用于发电；而在较低温度（低于100℃）下，地热能则可用于供热。

如今，太阳能通过两种不同的方法进行转换后，可以进行发电［SAB 06，ROB 12］。第一种最广泛使用的方法是基于光电转换，由光直接发电。第二种方法则用于发电厂中，根据热力学原理，太阳光线通过反射镜聚光，将流体加热到一个较高温度。由此产生的热量再用于生产高压蒸汽，然后，高压蒸汽采用与常规火电厂中相同的方式进行发电。这种方法自然包括储能，其大小取决于传热流体的量以及与所期望的发电厂灵活性有关的容量选择结果。

风能通过风力发电机利用风力进行发电。风电场的平均风速越快，年发电量则越高［SAB 06，ROB 12］。

所有利用可再生能源的发电站，其电力系统的特性都不相同。有些可再生能源（如生物质和地热能等）的特性，在可控性和连接电网的技术方面，可与常规发电技术进行比较，这种可再生能源都是采用同步交流发电机。其他可再生能源则由于其一次能源的性质，其特性是可变的，至少在一定程度上是不可预测的。光伏发电、风力发电和"径流式"水力发电就属于这种情况。这些电源被认为是"毁灭性的"，这意味着，如果不使用，瞬时可用的一次能源就会损失。这种类型的间歇性发电量的增加，是在不同时间范围内对电力系统管理灵活性有更大需求引起的。由于其特性与传统可控源的特性类似，文献中常常会介绍它们与储能系统之间的关联。这种组合可能确实回答了某些问题，但不一定会消除其他的挑战，比如，由于静态变换器取代了同步交流发电机而削弱了电力系统。

3.2.2 电网

电网将能量从发电厂输送到用电场所。它们主要由线路、电缆和带有保护机制的变电站组成［SAB 07，SAB 08］。

架空线由铁塔、导线、绝缘子和可防雷电的电缆组成。这些组件的尺寸可分为三类：几何尺寸、机械尺寸和电气尺寸。几何尺寸用于保证导线之间的或与地面物体之间的绝缘距离。机械尺寸确保线路不会因积雪等所导致的应力而出现断裂。最后，电气尺寸确保线路所达到的温度不会超过限值。在法国，发热限值被称为永久性最大允许强度（IMAP）［GAU 97］。加热线路所涉及的功率是因焦耳效应所产生的功率以及因阳光所产生的功率，而散热涉及的功率是对流所耗散的功率和辐射所耗散的功率。因此，电网的永久性最大允许强度因季节而不同［VER 10］。绝缘电缆是护套所包围的导线，该护套将电缆与其外部环境进行隔离。因此，电缆的尺寸选择与所输送的功率、电介质损失、机械性能和电缆单位长度的容量相关。

导线具有阻抗，从而导致电压降，电压降取决于所部署的导线长度以及所传输的功率。维持电网电压是电网运营商的责任，要做到这一点，电网运营商要使用各种类型的连接设备（配备有载分接开关的变压器、电容器或电感组、发电装置等）。

连接成网的互联输电网确保了大型发电厂与大型用电中心之间的电能输送。对输电网进行如下区分是很有用的：

1）主输电网，旨在长距离输送大量的能量。它依靠发电装置之间的彼此互联，为保持发电量与需求量之间的总体平衡提供帮助。这种最初因技术原因而进行的国际化交互作用，现在还可以作为一种商业交换的工具。第二次世界大战后，法国和欧洲普遍采用400kV以下的电站运行，外加一些225kV的连接，作为最佳的技术和经济妥协手段。

2）区域输电网，输电距离更有限，在区域范围内运行。除了直接为人口密度较高的地区供电的225kV，法国所使用的电压等级还有90kV和63kV。大型工业用户通常会直接连接到这些区域输电网以及中型发电厂（250MW或以下）。

鉴于土地面积的大小，法国岛屿的电网不包括主输电，但有一定程度的区域输电，例如，在科西嘉岛和圭亚那岛所采用的最高电压为90kV，在留尼旺岛、瓜德罗普岛和马提尼克岛为63kV。小型的电网，比如圣彼得岛和密克隆群岛的那些电网，没有采用高压等级。

变电站是电网中不同电压等级之间的接口，专门用于修改电网的拓扑结构，以便使功率潮流更好地分布［DEV 09］。我们以法国2000多座一次变电站为例，从图3.3所给出的配电网结构图中可以看到这些变电站。除了主要作为变压器（高压/高压）之外，它们还通过计量装置保护电网（电流测量保护、中性接地保护等）、测量能量流，通过频率为175Hz的集中遥控为变化率提供保护，特别是通过自动欠频甩负荷帮助确保电力系统的安全性。源变电站通过自动重合闸、电压控制和无功补偿系统保证供电质量和供电连续性。

在法国，高压电网主要是在20kV电压下运行，由来自一次变电站的所有馈线组成，并为与高压相连的用户和高压/低压二次变电站供电。城市地区通常是通过地下电力线路进行连接，而电荷密度较低的区域则由架空线路或混合线路（部分架空，部分地下）供电。高压电网是径向的，且如果需要的话，通常可以重新配置，以确保供电的连续性，但在运行时不成环路。低压电网由来自高压/低压变电站的馈线组成，并以230V/400V的电压为用户供电。

输配电系统运营商按照规则行事，以确保其维护和发展的电网的安全性、可靠性和质量。根据法规和特许经营权合约（授权当局分别为国家政府和市政府），在法国能源监管委员会的监控之下，输配电系统运营商必须保证所有的用户都得到无

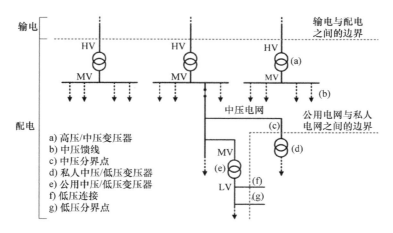

a) 高压/中压变压器
b) 中压馈线
c) 中压分界点
d) 私人中压/低压变压器
e) 公用中压/低压变压器
f) 低压连接
g) 低压分界点

图 3.3　配电网结构［DEL 10］

差别待遇、确保信息的可用性（透明度）以及敏感数据的机密性。电网管理者通过公用电网电价（TURPE）进行融资，必须尽量减少其履行职责所产生的经济和环境影响。他们是电力系统的重要利益相关者，并与多数其他利益相关者相互关联。

3.2.3　需求

用电量与区域的电能需求相对应。用户首先寻求具有竞争力的价格，同时，根据用户的类型，寻求某些保证（价格的稳定性、绿色能源等）和/或各种服务（能量效率、可靠性等）。用户的设施必须符合各项监管要求，这些要求通常包括在电网规程以及有关并网、运行和电网接入的合同中。针对用户的电价和税收包括两部分：第一部分涉及能量的供应；第二部分涉及输电和配电，即与电网有关。

负荷预测对电力系统运行是必不可少的，通常，一个地区的需求曲线通过一天内的峰值和非峰值时段进行定义，如图 3.4 所示。为了适应负荷沿时间的波动，必须对发电量进行调节，以确保在任何时候需求量与供电量之间都保持平衡。电力需求的高峰时间因所观察的周期不同而有所区别：日峰值和在法国因大量使用电热供暖等而出现的季节性峰值。还可以观察与（工业区、第三产业建筑物、商业中心和岛屿地区等）人类活动相关的特定需求所对应的局部峰值。

风力发电和光伏发电的大规模开发使平衡过程比以往更加困难，因为这些能源是可变的，且至少在一定程度上是不可预测的（依赖于气象灾害）；它们不一定与负荷需求相关，且目前一般不能进行实时控制。新的情况已经出现，并对电价产生了影响，例如，2012 年 2 月 8 日的用电量峰值达到 102GW，发电量出现不足，这迅速将市场价格推至 2000 欧元/MWh。相反地，在非峰值时间发电量过剩则会导致负电价，这意味着，发电商被迫支付费用，以排疏其电量。

因此，与其他解决方案相比，储能可有助于发电量与需求之间的这种平衡。

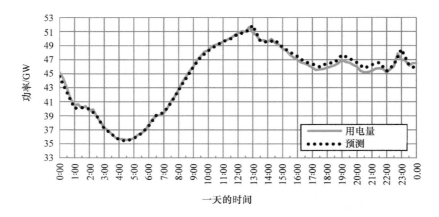

图 3.4　法国 2010 年 10 月 18 日的系统负荷变化以及与前一天预测的比较（D－1）

3.2.4　电力系统运行的基础知识

输电系统运营商应确保电力系统的运行目标，法国输电公司就是这种情况。其旨在完成各种目标，包括：①保证系统的安全性；②支持经济实绩和电力市场机制的适当运行；③履行对用户做出的合同承诺，特别是在供电质量方面［RTE 04］。

面对影响需求的永久不确定因素（时间变化、对温度的敏感性和云层覆盖等）以及影响发电量的永久不确定因素（停机、可再生能源的功率变化等），为了实现这些目标，在不同的时间范围内采用了各种不同的、带有相关安全裕量的自动和手动控制装置。这些控制装置旨在对四类容易导致大面积拉闸限电的风险进行管理，具体是：①频率崩溃风险；②电压崩溃风险；③失步风险；④级联超负荷风险。以下小节将对防止这四类风险的机制［ENT 14，RTE 04］进行讨论。应注意，我们只考察了法国的情况；在不同的国家，这些问题几乎是完全相同的，但历史上，为了处理这些问题所实施的技术方案可以有很大的不同。

3.2.4.1　防范频率崩溃

发电装置（汽轮机、备用电源等）和一些负荷的设计需要考虑频率值。因此，频率必须以欧洲标准 EN50160 等基准为基础进行确定，并保持在监管/合同规定的运行范围内。该标准规定［EN 99］：

1）一年内 99.5% 的时间介于 50Hz －1Hz／＋1Hz 之间；

2）100% 的时间介于 50Hz －6Hz／＋4Hz 之间。

频率控制以发电量与需求之间的平衡为基础，并且是由同步交流发电机的转速所决定的，同步交流发电机是发电所采用的主要技术。请记住，同步交流发电机的转速永远与其端子电压的频率成正比，且该比率取决于极对数这个设计参数。由于在稳定状态下电网每一点的频率是完全相同的，因此与电网相连的各同步交流发电机彼此结合在一起。式（3.1）为旋转质量方程式，说明了交流发电机转速变化

（Ω_t）与发电装置的总机械转矩（T_p）及用电量和损失所施加转矩（T_c）之间的关系：

$$J_s \frac{\mathrm{d}\Omega_t}{\mathrm{d}t} = T_p(t) - T_c(t) \tag{3.1}$$

式中，J_s 为电力系统的总惯性量，等于所有相连发电装置的惯性量之和。由于其数值较大，它以惯性机械能的形式构成了储能系统。可以通过总的发电功率（P_p）和总的用电功率（P_c）来改写这一方程式，同时加上或减去系统旋转质量的能量差 $\left[E_t = \frac{1}{2} J_s (\Omega_t)^2 \right]$：

$$J_s \frac{1}{2} \frac{\mathrm{d}(\Omega_t)^2}{\mathrm{d}t} = \frac{\mathrm{d}E_t}{\mathrm{d}t} = P_p(t) - P_c(t) \tag{3.2}$$

从某一稳定状态开始，发电量的任何减少或用电量的任何增加，会使上述两个方程式的右侧项为负：在这些条件下，电力系统的旋转质量释放动能。这引起交流发电机的旋转速度降低，从而导致系统频率降低。相反，从稳定状态开始，发电量的任何增加或用电量的任何减少，会导致系统频率升高。对于某一给定的失衡，频率的变化率与系统的惯性成反比。

为了将频率变化限制在可以保证系统安全性的运行范围内，有必要通过不断地调整发电装置的工作点或可控负荷所消耗的功率，来保持发电量与需求之间的平衡。在实践中，法国执行的是三级功率/频率控制，具有给定大小的控制功率储备以及给定的动态释放量（见图 3.5、表 3.1）。首先，一次频率控制在扰动后，例如，某一大型发电机停机后数秒内自动重建发电量与需求之间的平衡。其次，二次频率控制在数分钟内自动使频率返回其基准值，并通过在互联线路上对有关计划值进行交换来抵消该差值。最后，三次频率控制基本上是在事故发生后几十分钟或几

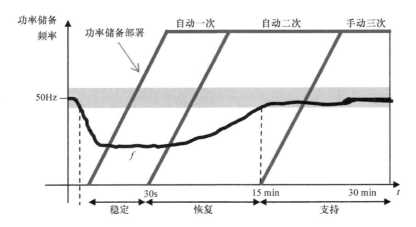

图 3.5　一次、二次和三次功率储备部署

小时内，由系统运营商以集中的方式采取的一套手动操作（修改发电机的工作点、发电机组的关停或起动等）。

表 3.1　关于频率控制的一些技术数据

控制	有功功率变化	部署时间	输出持续时间
一次	与频率偏差成正比	< 30 s	至少 15 min
二次	根据遥控水平程度	$N = -1$ 与 $N = 1$ 之间，2 ~ 13 min	所需时长
三次	经系统调度请求	1000 MW，最长 13 min	所需时长

3.2.4.1.1　一次频率控制

在出现较大的功率不平衡期间，有必要迅速地重新建立发电量与用电量之间的平衡，以避免频率显著变化所造成的风险。这就是一次控制的作用，由于瞬变现象发生的前几秒，频率下降起着决定性的作用，因此，必须迅速激活一次控制，如图 3.5 所示。在实践中，由于所要求的响应时间较短，所以在调速器上就地执行这种控制。从图 3.6 中可以看出，当发电装置的动力介质（蒸汽、燃料和水流等）流入时，调速器根据交流发电机的转速进行动作，即根据（稳态）频率进行动作。所取得的控制是成比例的；从预定的基准点开始，在欠频的情况下，所发出的功率增加；在过频的情况下，所发出的功率降低（见图 3.7）。

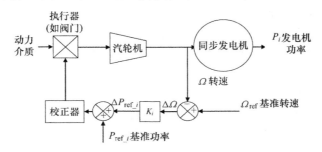

图 3.6　一次频率控制的工作原理 ［KAN 14］

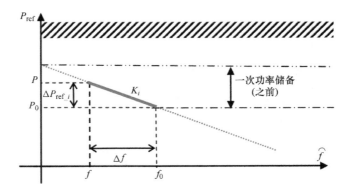

图 3.7　一次频率控制的静态特性（下降）

一次控制的线性功率/频率特性，也称为"调差"，可以写为

$$P - P_0 = K_i \cdot (f - f_0) = K_i \cdot \Delta f = \Delta P_{\text{ref}\_i} \tag{3.3}$$

式中，f_0 和 f 分别为基准频率和电网频率；K_i 为发电机组 i 的功频；P_0 和 P 分别为基准功率及其瞬时功率。在给定的时间，可以为参与一次控制的每台发电机组列出类似的方程式。因此，在包含 n 台有助于一次频率控制的发电机组的电力系统范围内，由它们的总和可得到

$$\Delta P_{\text{res}} = K \cdot \Delta f \tag{3.4}$$

其中

$$K = \sum_{i=1}^{n'} K_i \tag{3.5}$$

式中，ΔP_{res} 为当频率变化稳定在 Δf 值时所释放的一次功率储备；K 为网络的功率/频率特性。

在欧洲，为了实现频率控制性能方面的特定任务，欧洲输电系统运营商联盟（ENTSO - E）建议，在任何时间，可用的一次功率储备应足以应对两台最大容量的发电机同时停机或 3000MW 的损失，且网络的功率/频率特性应至少等于 20000MW/Hz。

由于分散式发电装置都是低功率的，它们通常不会参与频率控制。然而，电网规程规定了它们的并网条件，例如，有关频率穿越的特定要求。

一次控制激活之后，发电厂的功率设定值已进行了修改，并且由于所进行的校正成比例，因此，静态频率偏差仍然存在：频率稳定在 f_0 的不同值（见图3.5）。此外，无论来源如何不平衡，互联电网上的所有发电厂都做出了自己的贡献，并会对边界处的商业交换造成影响，因此，有必要进行第二个层次的控制。

3.2.4.1.2 二次频率控制

为了重新建立国际间的交换，消除一次频率控制行动后的静态频率误差，引入了二次控制。二次控制是自动的，并且根据参考文献［ENT 14］可以是以下三种类型之一：

1）集中式，即通过一个单独的控制器对全国范围内的电网进行频率控制（在法国就是这种情况）；

2）多区式，即把一个国家分成几个电力区，对每个区进行独立控制（在德国就是这种情况）；

3）分级式，其对应的是多区式类型，采用集中式控制器对各区进行协调（在西班牙就是这种情况）。

为了完成上述任务，必须进行二次频率控制，以便将控制误差 G 维持在接近零的水平：

$$G = \Delta P_i + \lambda \cdot \Delta f \tag{3.6}$$

其中

$$\Delta P_i = P_{\text{exch}} - P_{\text{prog}} \tag{3.7}$$

且 $$\Delta f = f - f_0 \tag{3.8}$$

式中，P_{exch} 为互联线路上总的功率交换量；P_{prog} 为计划的功率交换量；ΔP_i 为交换量偏差；λ 是二次功率/频率特性的系数（MW/Hz）；Δf 为与其设定值 f_0 的频率偏差。

在法国，全国调度中心内的集中式控制器远程修改参与二次频率控制的发电厂的工作点，以消除误差 G。要做到这一点，该控制器应对控制设定值 $N(t)$ 进行计算，其值介于 -1 和 1 之间，并将其发送到有助于二次控制的发电机组［RTE 14］。术语 G/λ 被称为区域控制误差（ACE），且通过下式对设定值 $N(t)$ 进行计算：

$$N(t) = -\frac{\alpha}{P_r} \cdot \int_{-1}^{+1} \left(\frac{G}{\lambda} \right) \cdot \mathrm{d}t + \frac{\beta}{P_r} \cdot \frac{G}{\lambda} \tag{3.9}$$

式中，α 为控制斜率（MW/匝）；β 为比例增益（MW/Hz）；P_r 对应于控制区的二次功率储备（MW）。P_r 为参与二次控制的各发电厂的二次功率储备（p_r）之和。例如，对于在给定时间参与二次控制的一座 900MW 的核电厂，p_r 等于额定功率的 5% 或 45MW。欧洲输电系统运营商联盟为各控制区建议的二次功率储备取决于根据图 3.8 的曲线所确定的一天当中的最大用电量。

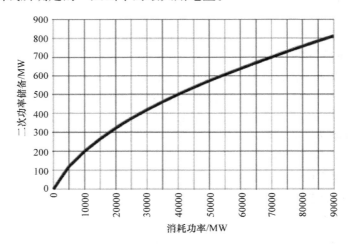

图 3.8　推荐的二次功率储备量［ENT 14］

定值 $N(t)$ 发送至发电厂，以控制它们的功率设定值。为了限制硬件的应力，对信号 $N(t)$ 的变化斜率进行限制。因此，在正常运行中，$N(t) = -1$ 变成 $N(t) = +1$ 会在 13min 之内发生，这对 900MW 的核电厂而言，对应于 7WM/min。在出现较大控制误差 G 的情况下，$N(t) = -1$ 变成 $N(t) = +1$ 会在 2min 之内发生。

3.2.4.1.3　三次频率控制

在发生重大事故的情况下，一次和二次功率储备可以部分被利用或甚至被用尽，那么则有必要对其进行重建；这就是三次控制的目的，三次控制是手动的，并在第三阶段发生。呼吁发电商和一些工业用户修改其运营计划，用来"重建一次和二次功率储备，以弥补供电量与需求之间重大而持久的失衡，并将运行裕量保持在适当的水平"［HAR 05］。

为了在自由化的电力市场中实现这种控制，需要确定一种手段，不仅能够在满足系统安全需要方面令人满意，同时也能够明确、非歧视性地激活参与者。有一种机制被称为"平衡机制"，由法国输电公司从国家调度中心进行实施并协调。这是一种永久的邀标，以使法国的输电系统运营商能够实时利用满足系统安全性和可靠性所必要的功率储备。无论是"上升"（发电量增加、进口量增加、出口量减少或用电量减少）还是"下降"（即与前者相反），由已签署协议来参与该平衡机制的利益相关者提出调节报价，这些利益相关者包括发电商、通过互联运营的国外利益相关者、工业用户等。如果必要，输电系统运营商可以随时根据经济优先原则所确定的顺序激活满足其需要的报价。法国的法规要求，与法国输电公司所运营输电网相连的发电商有义务为该调节机制提供所有可用的发电容量。此外，应在实时之前确定合同协议，以保证可以在不到 15min 和不到 30min 的时间内提供三次功率储备。

3.2.4.2　防范电压崩溃

鉴于电压等级对电力设施运行和寿命的影响，将电压保持在限定的变化范围内是评估供电质量的一项重要标准。欧洲采用 EN50160 标准，规定任何一侧的额定有效值变化范围为 +/−10%［EN 99］。对于法国的输电网和配电网，表 3.2 说明了电压的变化范围。

表 3.2　法国输电网和配电网的电压变化范围［RTE 14］

电压等级/kV	正常运行		应急运行	
	最低/kV	最高/kV	最低/kV	最高/kV
输电网	400			
	380	420	320	440
	225	200	245	180	250
配电网	90	78	100	72	102
	63	55	72	50	73.5

频率是因供电量与需求之间瞬时平衡所产生的一种可变的整体系统状态（处于稳定状态），而电压与频率不同，电压主要是一种局部的量值。在参考文献［RTE 04］和［RIC 06］中对其完整的控制顺序进行了说明，如图 3.9 和图 3.10 所示。因为输电网和配电网主要是感应的，所以高压网络中的电压降主要是由于无功功率循环所造成的。因此，通过对这一量值进行控制，从而对输电系统上的电压进行控制。

电压控制在时间和空间上是分级的，并且基于以下各项的协调：

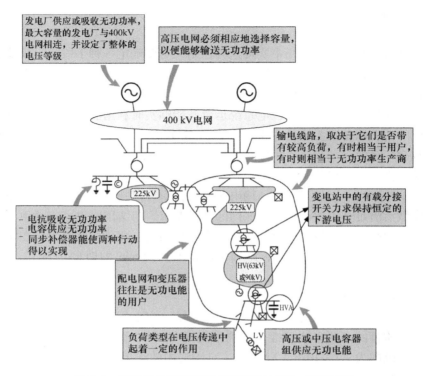

图 3.9　有助于电压控制的不同装置的定位　[RTE 04]

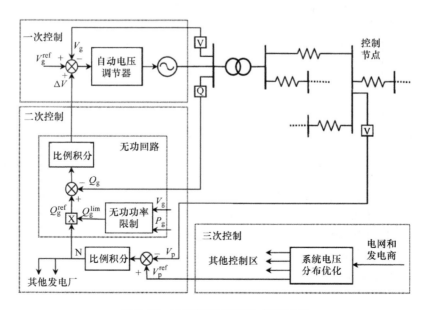

图 3.10　电压控制的层次　[RIC 06]

1）尽可能靠近负荷，对负荷所吸取的无功功率进行粗略、缓慢的补偿。除了对工业用户就某些条件下所适用的无功电能进行计费（激励安装就地补偿）之外，应通过安装在一次变电站中高压/高压变压器下游的电容器组，在配电系统中进行主要的无功功率补偿。通过无功功率表继电器对这些电容器组的接通和断开进行自动控制，从而有可能将输电 – 配电接口处的交换控制在合同阈值内。

　　2）确定输电网整个系统基准电压的集中式发电厂的精确和动态动作。如同频率一样，电压控制被分为三个层次，如图 3.10 所示，下面的章节中将提供更多的详细介绍。

　　除了限制高压电网的电压降，就地补偿也是很重要的，因为①它限制了视在电流，从而限制了电网损失，且②它使得保持集中式发电装置无功功率储备的可用性成为可能，以用于精确/动态控制和对事故的响应。

3.2.4.2.1　一次电压控制

　　一次电压控制是自动的，且在与输电网相连的大功率发电厂中进行。它将每台交流发电机的输出电压 V_g 保持在基准功率水平（$V_g^{ref} + \Delta V$），其中，V_g^{ref} 为发电机的基准电压，ΔV 为由二次控制规定的校正。一次控制的时间常数通常约为几百毫秒。

3.2.4.2.2　二次电压控制

　　作为二次控制的一部分，电网被分为不同的控制区，每一控制区有一个控制节点，如图 3.11 所示。

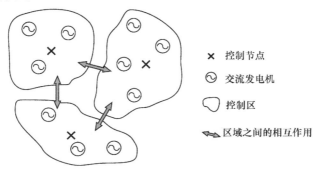

　　　　　　　　　× 控制节点

　　　　　　　　　⊘ 交流发电机

　　　　　　　　　控制区

　　　　　　　　　区域之间的相互作用

图 3.11　二次电压控制［R1C 06］

　　二次控制的目的是将这个控制节点的电压 V_p 控制在由输电系统运营商所确定的基准值上；在控制区中选择的该节点具有代表性。如图 3.10 所示，该过程分为两部分：第一部分集中在区域调度；另一部分则分散到参与该控制的大功率发电厂。更具体地讲，在主管每一区域的调度中心，一个比例积分（PI）校正器规定一个设定值 N，将其发送给该区域的发电厂。最后，该机制的分散部分接收该设定值 N，并利用其来计算该发电厂的发电量，这取决于各种参数，包括电压 V_g 和发出的有功功率 P_g。

　　为了避免一次和二次控制之间的干扰，二次控制的响应时间较慢，约为 1min。

3.2.4.2.3 三次电压控制

三次电压控制集中在国家调度中心。它每15min对控制节点的基准电压（V_p^{ref}）更新一次。利用最佳功率潮流（OPF）计算代码执行这种操作，该操作旨在保证维持良好的整体电压以及不同区域基准功率值之间的良好协调，以防止可能的不相容行动等。

3.2.4.3 防范失步

同步是指在电网中互联的所有发电厂在相同频率下运行。然而，电网短路后，接近短路部位的发电厂的交流发电机的转速可能产生加速［KUN 94］。如果该交流发电机本身不能重新同步，则会出现失步。为了避免失步，最重要的是要尽可能快速消除故障，且运行中的电压和速度控制系统要有足够的稳定性［RTE 04］。

3.2.4.4 防范级联超负荷

在电力系统中，功率潮流的分布取决于发电量、用电量、无功补偿装置和电网阻抗的就地化。然而，潮流必须按照3.2.2节所规定的最大电流的永久性最大允许强度保持受限。当超过线路或电缆的永久性最大允许强度时，则出现拥堵。

如果不采取任何行动，则拥堵会损坏导线或在焦耳损耗的影响下出现过热的危险，该线可能伸长，从而降低了与地面（植被或构筑物）之间的安全距离，这可能引发电弧或危害人身或硬件的安全。然而，通过设计，在有限的时间内，可接受永久性最大允许强度超负荷，例如，对于400kV电网，在15%超负荷的情况下，该时间为20min，对于90kV的系统则为1min。图3.12所示为400kV架空线路的各种触发阈值［VER 09，VER 10，VER 11a］。

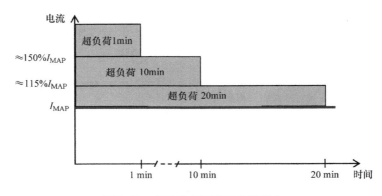

图3.12 400kV电网的超负荷能力

当调度中心无法在允许的时间内找到一种方法来消除线路拥堵的情况下，应利用过载继电器将该线路自动断开。然后，流经该线路的功率被传输到运行中的其他装置，该装置因而可能会超负荷。如果未快速采取整改决定，将会出现其他装置停运并且随后会出现负荷转移；这就是级联超负荷现象。这种现象往往导致大面积的事故，如1978年12月19日发生在法国的事故［RTE 04］，2003年9月28日发生在意大利的事故［UCT 04］，以及 2006 年 11 月 4 日发生在欧洲大陆互联电网（UCTE）上的事故［UCT 07］。

因此，拥堵管理不仅对人员和货物的安全至关重要，对电力系统的安全性和可靠性也至关重要。

目前，由于分散式发电而导致拥堵的次数可能增加，通过向配电网注入大量的电力可引起功率潮流反向。由于在德国的北部风能占有较高比重，这种现象已经出现在德国与其邻国之间的互联线路中［EON 05］。

为了防止受制约的输电线路出现拥堵事件，并确保电力系统的安全性，必须建设新的线路。但请注意，加强变电站所需的时间可长达 5 年，新建线路的施工期可长达 10 年，包括建设时间和所需的行政程序时间。

3.3 储能可提供的服务

3.3.1 概述

一般来讲，电能储存系统可定义为具有三种能力的装置：①消耗电力；②积累相应的能量；③利用该能量发电［RUE 12］。这三种能力相互依存，需要合适的控制策略。例如，只有在消耗能量之后储能系统才可以发电；同样，由于可以积蓄的最大能量在物理上受到限制，消耗电力的能力可能会减少，甚至未经过发电（放电）阶段，无法消耗电力。

从传统或可再生能源发电装置的运营商到最终用户，包括输配电系统运营商，储能可以为电力系统各利益相关者提供服务。

这些服务基于储能的潜在功能，如①及时规划能量块转移；②建设功率储备，以服务于电力系统的需要，支持停电情况下的关键用途；③提供或吸收无功功率；④有效过滤影响电压波形的干扰（谐波、不平衡等）。后两种功能③和④不使用实际的"蓄能器"，而是依赖于与电网连接的必要装置可提供的容量，即旋转机械或电子功率变换器。因此，它们不能作为决定投资储能系统的唯一原因，但可能有助于通过增加蓄能器本身运行所产生的收入来使这种装置有利可图。对于给定的储能功能，根据所考虑的利益相关者不同，所满足的需要和价值创造的过程会有很大的不同。例如，通过使调节负荷曲线成为可能，上述①中的能量块转移可以使以下成为可能：

1）混合发电装置的运营商对昂贵的调峰发电厂的使用进行限制；

2）必要时，电网运营商在受制约的装置上缓解超负荷，从而推迟甚至避免强化决策；

3）最终用户通过最大化利用所报电价来降低其电费。

本节旨在对储能在电力系统中所提供的各种服务进行概述。在每一种情况下，我们将努力说明所涉及的利益相关者、运营原则和技术要求，并在可能时，说明价值决策情况。

3.3.2　并入输电网所需的服务

超过一定的功率阈值，则要求与输电网相连的发电厂参与电网的运行。因此，涉及大容量储能装置；对于容量较小的系统，如果所提供的这些控制装置对大量利益相关者是开放的，在这种情况下，也可能做出其贡献。输电系统运营商对所需要的服务进行了规定，以确保在各种不确定性和灾害面前系统的安全性。这些服务在文献中统称为"辅助服务"。

3.3.2.1　对频率控制的贡献

3.2.4.1 节对频率控制的原理进行了说明。在目前尚未对储能制定具体规则的情况下，表 3.3 所示为法国传统发电装置应满足的要求。

作为一次频率控制的组成部分，容量超过 40MW 的任何发电厂必须能够提供其额定功率 2.5% 的功率储备。此外，发电厂必须能够保持功率储备激活至少 15min，并且功率储备必须完全释放，且满足以下两个条件：①频率变化不超过 200MHz，且②在不超过 30s 内完全释放。2014 年，法国对一次控制的付费大约为每半小时 9 欧元/MW。

表 3.3　频率控制服务的技术数据　[RTE 14]

服务	最低功率储备	输出持续时间	最长响应时间
一次频率控制	$P_{inst} \geq 40MW$： $P_{rés} \geq P_{max}$ 的 2.5%	$\geq 15min$	全响应≤30s 半响应≤15s
二次频率控制	$P_{inst} \geq 120MW$： $P_{rés} \geq P_{max}$ 的 4.5%	保持必要长的时间	2～13min，介于 $N = -1$ 与 $N = 1$ 之间

关于二次控制，额定功率超过 120MW 的发电厂必须能够至少提供其额定功率 4.5% 的功率储备。在法国，二次频率控制的付费由两部分组成：第一部分对应于功率储备的可用性，2014 年每半小时大约为 9 欧元/MW；第二部分对应于功率储备的使用，大约为 10.5 欧元/MWh。在发电量增加的情况下，由法国输电公司向发电商进行支付；在发电量减少的情况下，按照功率储备进行支付。值得指出的是，在一次控制相关的规则中，最近新增加了与二次控制中类似的第二个术语（与二次控制的金额相同，单位为欧元/MWh）。

目前，这些服务的提供往往越来越开放，为传统发电商通过依赖电力系统中其他利益相关者的贡献来满足其自身需求提供了可能。因此，有望出现价格可自由协商的市场，这将在 3.3.6 节进行讨论。在任何情况下，如 3.2.4.1 节所述，总的所需功率是有限的，例如，对于一次控制，欧洲的总量为 3000MW，而在法国则约为 600MW。

3.3.2.2　对电压控制的贡献

电压控制原理主要是基于对无功功率进行控制，已在 3.2.4.2 节中进行了说明。表 3.4 所示为法国连接至输电网的发电机组应满足的技术数据。

通过无功功率的消耗或生产对电压控制做出贡献，这仅仅会对储能系统的规模产生轻微影响（增加与电网接口的额定值，但对能量容量没有影响）。例如，对于抽水蓄能或压缩空气储能（CAES），交流发电机必须适应这种服务；这种服务会受到物理制约条件的限制：最大定子强度、最大转子强度、最大内部角度、稳态时的最低和最高定子电压等。如果电源或储能系统通过电子功率变换器与电网连接，则由电子功率变换器控制连接点的无功功率，因此，必须针对所交换的视在功率选择电子功率变换器容量。对于电压源型换流器，存在的一些限制条件依赖于所产生的有效功率、变换器的连续侧电压，以及电网连接滤波器的电感［BOU 09，DEL 10］。

表 3.4　电压控制服务的技术数据 ［RTE 14］

服务	最小范围	输出持续时间	最长响应时间
一次电压控制	一次：连接至高压系统的发电厂 二次：连接到 HV－2/3 等级系统的发电厂	连续	几百毫秒
二次电压控制	不同功率水平的 U/Q 图；该值约为 Q/P_{max} 比 ±0.3	连续	在最坏的情况下，响应动态必须好于一次电压控制，时间常数大约为 60s

在法国，对这些服务的付款取决于其位置，因为电网的某些区域对于无功功率或多或少有些敏感。在法国，2014 年敏感区域内一次电压控制的付款包括固定部分和可变部分，固定部分为每年 761 欧元/MVA，可变部分为每运行半小时 0.03 欧元/Mvar。正常区域内的报酬只为可变部分。二次电压控制的付款比一次电压控制可变部分增加了 50%。

3.3.3　为输电系统运营商提供的潜在附加服务

除了接入高压电网强制性要求的上述服务外，电力系统的利益相关者还可以提供额外的服务，帮助输电系统运营商确保系统的安全性和可靠性。

3.3.3.1　三次频率控制的功率储备

在 3.2.4.1 节中对三次功率储备的原理进行了说明。也有一些三次功率储备是在需要的情况下使用，且根据其动员时间不同而有所区别。因此，所谓的"快速"三次功率储备应为可以在不到 15min 的时间内提供的功率储备，而响应时间介于 15～30min 之间的，则使用"额外"的三次功率储备。在法国，快速三次功率储备的容量约为 1000MW（这实际上可以在不到 13min 的时间内提供），额外三次功率储备的容量约为 500MW。表 3.5 给出了法国三次功率储备的一些技术数据。

表 3.5　关于三次功率储备的一些技术数据

服务	最小总容量	最长响应时间
快速三次功率储备	在法国大约为 1000MW	15min
额外三次功率储备	在法国大约为 500MW	30min

为了保证快速和额外三次功率储备的可用性，输电系统运营商与反对以固定费

率向平衡机制提供该快速可用的功率储备的利益相关者之间应签订合同。就储能系统来说，能够释放功率储备数小时的这种要求，可能需要在能量方面有较大的容量选择。此外，保证该服务可用性的事实极大地限制了将储能用于其他用途的可能性。

3.3.3.2 拥堵管理

拥堵管理包括对暂时超出最大允许功率潮流的超负荷输电线路进行缓解。由于其可逆性，储能系统作为解决拥堵的一种手段是有利的。图3.13b所示为处理拥堵事件的储能原理，在2∶00至5∶00期间，由于过度用电，线路容量达到了125%，超负荷造成了拥堵（见图3.13a）。在此期间，储能系统注入功率，以缓解输电线路，并在线路中的功率潮流最小时，对储能系统进行再充电。

然而，输电系统运营商从对平衡机制所做出的竞价方案中选择处理拥堵的手段（见3.2.4节）。为了在法国参与这种活动，在目前情况下，储能系统必须能够至少提供10MW的容量。

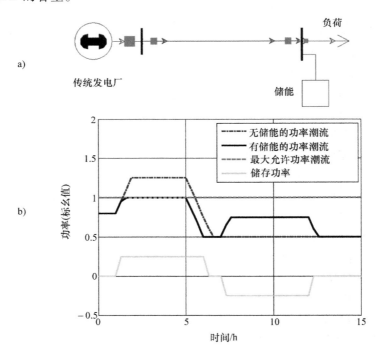

图3.13　利用储能管理拥堵的原理（该图的彩色版本
请参见 www.iste. co. uk/robyns/powergrids. zip）

经常出现拥堵是一种信号，说明电网基础设施已达到其正常运行的极限。在这种情况下，输电系统运营商必须最终通过建设额外的输电线路对电网进行强化；然而，建设成本较高，过程可能需要10年以上。在这种情况下，实施储能系统可能是一种适当的替代方案［VER 09，VER 10，VER 11a］。

3.3.3.3 黑起动

在一些异常事件导致电力系统崩溃或大停电之后，输电系统运营商必须使电网重新通电，以恢复用户供电。要做到这一点，输电系统运营商会利用无需电网就可以起动（黑起动）的发电厂，或在事故期间仍成功保持在线运行的发电厂（孤岛运行）。储能装置有助于这种电网的恢复；然而，这些装置必须满足以下要求［RTE 14］：

1）对负荷块投入所产生的暂态进行控制：当需要时，储能系统必须能够分阶段释放至少5%～10%净连续功率的功率值；

2）无论负荷要求的功率值是多少，保持分离电网的稳定：储能系统必须能够在较大的功率范围内运行，特别是在较低功率值下，并保持在这些功率值下运行；

3）保持在可接受频率范围内的同时，保持供电量与需求之间的总体平衡：当输电系统运营商需要时，系统必须能够为孤立电网提供一个频率基准，直至该电网获得足够的功率储备；

4）在没有持续的频率或电压振荡时保持稳定运行：系统必须具有适当的速度和电压控制器；

5）对以任何其他方式重新通电的电网的任何其他部分重新耦合产生的过电压进行控制；

6）在区域馈线之间的耦合操作过程中，接受多达12次的功率反向而不产生损坏。

3.3.4 储能为配电系统运营商提供的潜在服务

3.3.4.1 调峰

3.3.4.1.1 原理

为了延缓甚至避免对配电网进行扩建，进行调峰是分散式储能通常设想的一种服务。在一些出版物中对其有特别的说明，如参考文献［EPR 02，EPR 03，EYE 04，EYE 05］和［EYE 10］。

在所供电的负荷和/或所疏散的发电量增加的情况下，当超过线路或变压器等一台电网设备的额定容量时，配电系统运营商所实施的常规解决方案包括对现有基础设施进行加强或新建基础设施。由于硬件的标准化，文献强调，由此获得的容量增加往往比短期需求要大得多，这会导致新设备多年"利用不足"，换句话说，对近期需求超支。

调峰包括利用储能装置作为一种临时（至少是临时）的解决方案，以缓解已达到其极限的电网设备的压力。在与上游－下游功率潮流（负荷）相关的制约条件下，如图3.14所示，当功率潮流较低时对储能装置进行充电，以便在峰值时间能够释放能量储备，从而使通过有关电网设备的极端电流最小化。在与下游－上游功率潮流（本地发电量）相关的制约条件下，在电网容量允许的时候进行放电，以便在高峰发电时间储存电力。无论制约条件的来源如何，也可以通过控制无功功率来完成对有功功率采取的行动。例如，对于给定的电网设备，将初始值 $\tan(\varphi) = Q/P = 0.4$ 的正切 φ 降到 $\tan(\varphi) = 0$，则会将视在潮流降低 7%。

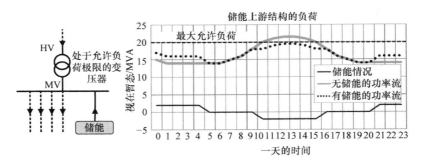

图 3.14　利用本地储能进行的调峰：变电站用变压器负荷峰值情况下的图示〔DEL 09〕

因此，在发电量峰值时利用储能进行临时调峰有可能推迟或甚至避免对配电网基础设施的扩建。参考文献〔NOU 07〕给出了这种情况下的一个实例，详细说明了 2006 年在美国一家公用事业公司——美国电力公司（AEP）的 12kV 电网上使用 1MW/7.2MWh 钠硫电池的情况。这种储能设施有可能延长 20MVA 变压器的使用寿命达数年之久，从而推迟了 200 万美元的预计支出。最近，英国电网公司已对基于锂离子电池的 600kVA/200kWh 的系统进行了实验，并且该公司确认〔UK14〕，只要可以精确地预测需求曲线，限制功率峰值是可行的。

在投资推迟期结束后，应进行必要的加强；此时所增加的基础设施的容量会比几年前建成的得到更好的利用。如果还没有达到其寿命终止期，储能系统可以放置在适当位置用于提供新的服务，如果其设计可行的话，也可以将其移动到电网的另一个节点。

经证实，这种服务在某些特定情况下是有利的，特别是当某一项制约条件（环境、法律等）妨碍或拖延电网加强、给供电质量带来危害风险时，或者为了避免因临时需要而进行的昂贵电网基础设施开发。

在上述美国电力公司的情况下，制约正常运行的风险是实施储能系统和最终对达到极限的变电站进行升级的根本原因。这就是说，3.3.4.1 节也适用于以下情况：在配电系统的一部分不可用时，根据计划中的应急配置的容量标准需加强的情况。在这些类型的配置中，"N－1"要求在规划方面是最不确定的，可能会使设备的容量选择相对于正常运行的需求过大，因为这些都是为罕见事件规划的。同样地，对于用户而言，将调峰纳入应急电网方案的规划中可能会限制必要的投资金额。

最后，请注意，我们为配电系统运营商描述的服务，对不得不为加强项目或新建项目（线路、变压器等）的全部或部分进行融资的其他利益相关者也可能是有利的；目前，在法国，对于请求接入新设施的用户就是这种情况。本章不会讨论用户的情况，但 3.3.5.5 节将对分散式发电机进行更广泛的讨论。

3.3.4.1.2　技术要求

关于接点，投资推迟需要我们建立一个储能系统，以便能够对所加强的基础设施起作用，根据不同情况，灵活性也不同。如果可以进行自由选择，必须根据情况对各参数进行逐一研究：土地的可用性、交通方便性、可接受性、组合多种服务的可能性、通信需求等。在功率方面的选择取决于研究时的负荷和其增长速度以及所需的推迟时间。例如，负荷每年增加 2%，基础设施上每兆瓦初始峰值功率潮流则分别至少需要 20kW（1 年）、104kW（5 年）和 220kW（10 年）。在现实假设（延期数年以及中等负荷增长）下，高压电厂调峰所需的功率介于 500kW 与数兆瓦之间，低压电厂则为数百千瓦 ［EPR 03，EYE 05，IAN 05］。必要的放电时间取决于负荷分布的形式，估计介于 2 ~ 10h 之间。相反，对于储能响应时间则没有要求，根据配电网设备的临时超负荷容量，该响应时间可能超过数分钟。

3.3.4.1.3　价值决策

当存在达到技术限制的风险时，电网运营商承接工程的决策不受经济效果评价的约束。但是，如果有几种可能的解决方案（对现有设备进行加强、新建馈线），考虑到投资成本、维护成本、购电损耗和故障影响，该选择应使该项目寿命周期的最新成本评估最低 ［ERD 08，DOU 02］。

因此，在这种情况下，必须将 "储能" 选项与其他可用的选项进行对比，对调峰的经济利益进行研究。这就是为什么文献一般将这种服务的价值定义为有推迟的净现值成本与常规投资成本之间的差值。所得到的结果依赖于每个项目的条件，如所考虑的工程是资本密集型的，该服务就更为有利。参考文献 ［EYE 04，IAN 05］ 和 ［NOU 07］ 特别提供了关于真实数据的数值应用，其结果是，在最极端的情况下，所安装的每兆瓦储能容量的价值介于 0 ~ 150 万美元之间。

但是，还有一个问题没有答案：假设确定了一种具有吸引力的情况，在支出推迟方面所创造的价值如何转化成对储能装置的报酬？如果该储能系统的运营商是电网运营商自己，答案则非常明了，垂直整合公用事业公司就是这种情况，例如，上文引用的美国电力公司。另一方面，如果运营商是第三方，法国尚未确定一种机制，允许配电系统运营商以明确且无歧视的方式对本地的灵活性（如分散式储能）提出要求并给予补偿。

3.3.4.2　本地电压控制

3.3.4.2.1　原理

需要保持所供给电压的值，以使电器能够正常运行，并保证它们的寿命。这就是法国法规规定了 10min 平均有效值电压允许范围的原因。例如，对于中压或低压用户，额定电压的上限和下限范围为 ±10%（2007 年第 1826 号法令及其 2007 年 12 月 24 日条例）。配电系统运营商提供的合同中规定了这种最低限度的要求，有

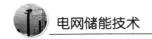

时会更严格。

由于线路和电缆的阻抗，功率潮流会引起电压降，常常通过近似值进行定量：

$$\frac{\Delta U}{U} \approx \frac{RP + XQ}{U^2} \tag{3.10}$$

式中，U 为相间电压；R 和 X 分别为所考虑段的电阻和电抗；P 和 Q 分别为有功功率和无功功率的潮流。

在法国，配电系统运营商有机会获得不同的资源，包括变电站的高压/中压变压器所配备的有载分接开关，以满足对电压等级的监管要求或合同要求。例如，如参考文献［RIC 06］所述，该机制通过定时抽头开关连续调节变比，将电压控制在中压母线的水平，尽可能地接近基准值。在无分散式发电的情况下，电压从一次变电站降至馈线的端部电压（见图 3.15 中的灰色曲线）；在这种情况下，将母线的基准值设定在上限附近，以避免峰值负荷时对馈线端部低电压的制约。发电商的接入降低或甚至逆转了功率潮流，因而趋于增加电压，这可以证明限制性，特别是当用电量较低时（见图 3.15 中的黑色曲线）。

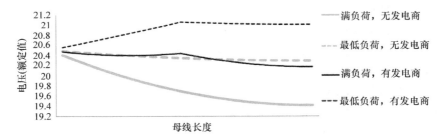

图 3.15　有、无分散式发电的情况下沿中压馈线的电压平面图［DEL 09］

对电网运营商的规划进行了研究，以将电压保持在令用户满意的水平。如果确定了某种制约条件，传统的选择方案是使相关的馈线适配（增加最高阻抗导体的分段长度），并可以延长至专用的馈线，例如，接入容量最大的分散式发电装置。当有几种选择方案在技术上可行时，最终将选择使净现值成本在该项目寿命周期内最低的一种方案（见 3.3.4.1 节）［ERD 08］。

这种潜在的服务包括对受制约馈线上的储能系统注入的有效功率以及可能的无效功率进行控制，以确保在峰值负荷时（防止低压情况）或峰值发电量时（防止高压情况）有充足的电压。在该种情况下，应以其他方式做出一种投资的替代方案，以将供电质量保持在合同限值或监管限值允许的范围内。

例如，参考文献［EPR 05a］对 2003 年为一家美国公用事业公司——太平洋公司调试的 350kVA/8h 钒氧化还原液流电池进行了介绍。该系统安装在 25kV 馈线的中部，该馈线很长且难以在受保护的环境中进行加强，该系统要通过预先计划的充电/放电情况，保证电压数年维持在一定水平。从技术上讲，这种服务有可能等同于前面 3.3.4.1 节所述的调峰，其主要区别在于限值，该储能系统用于推迟实现这些限值（电流与电压）。

英国电网公司于 2011～2014 年期间，对与 11kV 相连的 600kVA/200kWh 系统进行了本地电压控制试验。参考文献［UKP 14］介绍了试验结果。这些结果有效地表明了因对控制的响应使本地电压变化值降低，这些控制在储能装置的终端应用于有效功率和无功功率，无功功率在试验电网中更为有效。

和调峰一样，这项服务对于承担配电网开发成本的利益相关者是很有利的。除了运营商本身，它对需要将新设施接入电网的用户也是很有利的。本章不讨论用户的情况，但 3.2.3 节会对分布式发电情况进行更为广泛的讨论。

3.3.4.2.2　技术要求

由于通过有载分接开关在一次变电站对电压进行控制，因此，只有在距该变电站有一定电距离的地方才可能通过储能系统对电压进行控制，并且当该电压与连接点之间的阻抗较大时，该控制才更为有效。与调峰不同，调峰需要在受制约电网设备的下游接入储能系统，以便能够对流经这些设备的功率起作用，这种服务提供了更多的自由。例如，母线端部受电较弱的用户可能从上游馈线中部提供的电压支持中受益。这种灵活性有助于这种控制与其他储存应用的交互作用，但需要实施适合的通信网络或估算技术，以从远程站点消除制约条件。

利用式（3.10），对于法国的高压和低压电网的典型阻抗值，建议的功率容量选择为：要求介于 100kW（kvar）和数兆瓦（Mvar）之间，相比低压的 10～100 kW（kvar）要求，对高压电压分布具有显著影响。如果利用有效功率对电压提供本地支持，发电厂必须能够执行可与 3.3.4.1 节中所述相比的调峰，放电时间为 2～10h。然而，由于 R 和 X 在配电网中具有相同的值，控制电压的最佳行动可能是有效功率、无功功率或这两者的配合。因此，可以对各种储能监管策略做出规定，例如，为了通过给予无功功率优先性而对能量的选择进行限制［KAS 07］，这种方法已通过英国电网公司的试验证实了其有利性［UKP 14］。最后，数分钟的响应时间足以将所需的电压水平保持在一个 10min 的平均有效值上。

3.3.4.2.3　价值决策

储能对本地电压控制的贡献是一种增强的价值，是通过推迟或避免投资而实现的，从电网开发的常规用途上来讲，这有必要将电压水平保持在其合同限值和/或监管限值内。3.3.4.1 节对文献中用于量化投资推迟收益的方法进行了说明。

3.3.4.3　通过计划孤岛运行而产生的备用功率

3.3.4.3.1　原理

随着配电网内发电量的日益增加，有可能在应急情况下利用这些资源，以便在电力系统出现本地事故或一般化事故的部分时间或全部时间内，使部分网络能够继续运行。然而，大多数分散式电源，如光伏电站，其设计并非为了独立于电网运行；它们通常不能自起动，并且它们的可变发电量不可能平衡需求。采用适用的控制装置使其变得安全，在受控孤岛运行期间，电网运营商可以利用无电网（构成电网容量）的本地电压源，也就是储能，以安全地向本地负荷供电。至少有两种可能情况：

1）可以间歇利用移动式储能装置作为发电机。然而，这些技术比典型的热力发电机更为麻烦，当试图到达难以进入的一些区域时，例如在风暴之后，会有问题。

2）本地网络中的电压恢复可以添加到由固定储能系统所提供的一组服务中，例如，在连接成网（与常开点）或加强等常规的安全解决方案难以实现的区域。

图3.16所示为储能装置提供这种服务的方法，储能装置与中压馈线母线相连，该母线包括负荷和发电装置。在这种情况下，电网运营商对操作进行实时协调：

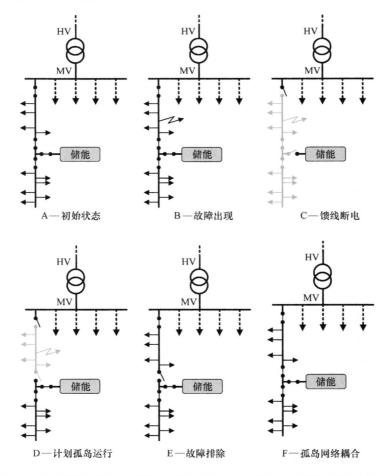

图3.16　通过储能系统为电网的一部分提供应急备用电力的简化图示［DEL 10］

1）在A中，初始状态，储能系统被赋予其通常的服务；它与电网同步，并且作为电流注入源受到控制。

2）在 B 中，储能系统连接点上游馈线出现故障。

3）在 C 中，馈线和储能系统层面的保护继电器跳开，以确保人身和设备安全。因此，馈线不再带电。

4）在 D 中，配电系统运营商对开关进行操作，以隔离有缺陷的本地网络。然后重新连接储能系统，并作为电压源对其进行控制，向安全的岛状本地网络供电。

5）在 E 中，电网运营商的介入使故障消除，且整个馈线的电压恢复。但是，由储能系统供电的本地网络仍然保持孤岛运行。

6）在 F 中，岛状电力网络与电网电压重新同步，以便在不中断的情况下重新耦合。储能装置随后恢复正常操作，并且在电压源和电流源之间来回切换。

有关详细信息，感兴趣的读者可以阅读参考文献［MOR 07］，例如，它通过本地发电和储能系统为低压电网提供后备电力的详细信息。在实践中，公用事业公司——美国电力公司采用了利用分散式储能系统的计划孤岛运行，例如，Nourai 和 Kearns［NOU 10］介绍了数种基于 2MW/7.2h 钠硫电池的若干机制，这些蓄电池与中压系统相连。此外，法国的示范项目 NiceGrid 电网在 2015 年采用锂离子电池储能系统，用于中压/低压变电站的计划孤岛运行，为用户和光伏发电站供电。

3.3.4.3.2 技术要求

该服务的设置特别要求保证该保护方案的适用性（在孤岛系统中，中压中性点接地，保护继电器在较低短路功率等情况下运行），且所采用的控制策略允许电能质量始终符合合同或监管要求。

储能装置的功率取决于所回收的本地网络的容量：低压从 10kW 至 1MVA，中压从有限区域的几百千瓦至若干馈线的 10MW。在必须可用的额定功率下，放电时间取决于所需的备用时间，备用时间可以根据该服务防范的典型停电时间进行估计。就响应时间而言，所采用的技术必须能够对岛状电力网络中的发电量和用电量变化做出瞬间响应。

3.3.4.3.3 价值决策

本地孤岛网络计划孤岛运行的本地电压控制值可以根据不同的案例，通过计算其促成的非分布式能源（NDE）进行估计。这一指标的实用性在参考文献［DOU 02］中进行了说明，用于估计拉闸限电的成本，以便投资电网加强或开发时做出正确的决策。根据法国输电公司最近在线发表的研究"应给予电能质量什么样的价值"，其目前的估计平均价值为 26 欧元/kWh 或大约为发电量成本的 200 倍。以下简单例证有助于更好地理解这一概念及这些类型的估计值：对于家庭用户冷冻机而言，拉闸限电几十个小时（或非分布式能源最多几千瓦时），将导致冷冻机内的食品毁坏，造成几十甚至几百欧元的损失。

无论非分布式能源在确保电网安全中扮演什么角色，"利用储能的计划孤岛运行"解决方案的成本必须与用于实现相同目标的传统备选方案或创新备选方案的成本进行比较。就偶发事件所需的支出而言，该服务需要长时间放电和大量监控资源，乍看起来目前很难盈利。

3.3.4.4 储能为配电系统运营商提供的其他潜在服务

除了刚刚说明的三点以及使用传统蓄电池为关键电网设备提供应急电源外，配电系统运营商还可以应用其他储能系统。这将在下面进行简要讨论。

3.3.4.4.1 输电–配电接口处的无功功率补偿

高压线路大多是感应性的（$X \gg R$）：根据式（3.10），输电网的电压降主要与无功功率潮流有关。因此，控制电压包括控制因负荷及电网（变压器和线路）用电量而导致的无功功率潮流。此外，无功功率潮流是提高视在电流的来源，因而也是焦耳损失的来源。

在这种情况下，通过特别安装在高压/中压一次变电站的电容器组对配电网进行补偿。电容器组的投入和触发由无功功率继电器自动控制［RIC 06］。除了刚提到的两个原因外，这种尽可能接近负荷的供电使集中式发电厂的无功功率储备能够用于精确/动态控制（在主要输电网上设定基准电压分布）和事故响应［RTE 04］。

分散式储能系统可以通过其电力电子变换器所提供的可能性，为本地无功功率提供补偿［EPR 02，EPR 05a］。通常的解决方案是以一种"全部或全无"的方式进行控制，与其相比，这种方法的优点是可以对无功功率注入进行更精细的管理。这项服务可以通过推迟、甚至避免对电容器组的投资，或输电系统运营商按照法国公用电网电价的条款向配电系统运营商计费的无功功率成本，来创造价值。在2014年开始生效的第四次费率调整中，输电网供应的电力在①超过合同规定的正切 φ 且②在一年中某些时候供应时，最高金额约为 15 欧元/Mvarh。

3.3.4.4.2 配电焦耳损失减少

电网基础设施电阻引起的损失与电流的二次方成正比。因为储能修改了功率潮流，所以给这些带来了影响，且适应的充电/放电循环理论上可能对能量平衡有利。这种潜在服务的原理如下：

1）在非峰值时间完成蓄能，并提高配电网的电流，从而增加了损失，$\Delta P_{J1} > 0$；

2）在高峰用电时间进行放电，导致电流降低，从而减少了损失，$\Delta P_{J2} < 0$；

3）损失的二次方性质使得在一个完整周期内 $\Delta P_{J1} + \Delta P_{J2} < 0$，也就是说，降低的技术损失是由电网运营商承担的。

为了显示储能为配电系统运营商所提供的"损失降低"服务可能带来的利益，我们将根据图 3.17 所示中压馈线的简单模型进行案例研究。假定阻抗及有功和无功用电量沿该馈线的整个长度分布均匀，我们得到了瞬时线路损耗 $P_J(t)$ 公式的所有计算值（见参考文献［DEL 10］的附录1）

$$P_J(t) \approx$$

$$\frac{R}{U^2}\left[(P_S(t)^2 + Q_S(t)^2)x + \begin{pmatrix} P_S(t)P(t) \\ + Q_S(t)Q(t) \end{pmatrix}(2x - x^2) + \frac{P(t)^2 + Q(t)^2}{3}\right]$$

(3.11)

式中，R 为馈线的总电阻；U 为相间电压（假设馈线的相间电压为恒定值）；$P(t)$ 和 $Q(t)$ 为总的有功负荷和无功负荷；x 为储能系统在网络中的位置（$0 \leqslant x \leqslant 1$）；$P_S(t)$ 和 $Q_S(t)$ 分别为储能装置注入电网的有功功率和无功功率。

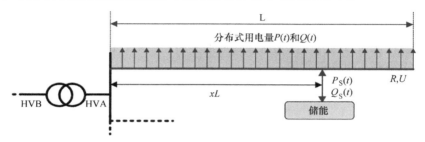

图 3.17　具有均匀分布值的中压馈线模型

这种模型已应用于日常需求分布，且已进行了优化计算，以确定位置 x 以及可以使总损失最小化的功率分布 $P_S(t)$ 和 $Q_S(t)$。所考虑储能装置的效率为 75%；其制约问题使其充电状态在一天的开始和结束时是相同的，这意味着除了损失外，所有的充电能量都释放了。

在这些条件下，我们对输入变量的实际变化范围进行了详细的研究，结果表明，当对储能注入进行精确控制时，储能可有效地降低在线损失，但储能损失的能量总是多于其可节省的能量。例如，对于日常损失约为 4.5MWh 的中压馈线，在最好的情况下〔即 $x = 2/3$，且对 $P_S(t)$ 和 $Q_S(t)$ 的分布进行优化〕，储能可以获得的线路损耗收益大约为 0.5MWh。另一方面，假设其效率为 75%，其将同时消耗大约 3MWh。这些结果与参考文献〔NOU 08〕中所给出的一致，它将这一系列推理扩展至电网，包括输电网和配电网。作者利用该网络的一个简化模型及公用事业公司（美国电力公司）提供的参数，表明了电力系统技术损失总下降量对储能系统内部损耗的补偿永远不会超过 50%。

也就是说，虽然服务本质上是不可行的，但其某些应用确实能够降低线路损失，如调峰。如果设施是由电网运营商所有，或者说，将来为了对储能系统运营商节省的成本进行经济补偿，开发了一种目前难以想象的机制，那么在对储能系统进行经济评估时，最终可能考虑这种服务。

3.3.4.4.3　电能质量

最后，通过与某一电网相连的电力电子变换器提供的可能性，可利用这些变换器所连接的分散式储能技术来去除电力波形或"有源滤波"的扰动。至少有两项服务是我们未预想到的（很具体的情况除外），它们的原理可以定义如下：

1）改善向用户供应的电能的质量，即配电系统运营商利用储能，来履行其向电网用户所供滤波电压污染（快速波动、不平衡和电压骤降等）程度方面的承诺。在实践中，如果用户喜欢接入电网运营商所提供的、比合同要求或监管要求更高的电能质量水平，用户通常会支付更多的费用。这项服务将在后面 3.3.7.4 节进行介绍。

2）改善从输电网提取的电能的质量，即配电系统运营商利用储能来履行其对从输电网提取的电流的污染水平的承诺。基本原理如图 3.18 所示，这是一个对电压谐波进行有效补偿的例子。例如，几种破坏性电源的组合可以引起这种应用，这些电源单独使用符合其对配电系统运营商的承诺，但组合在一起便使配电系统运营商超出了上游高压电网的阈值。

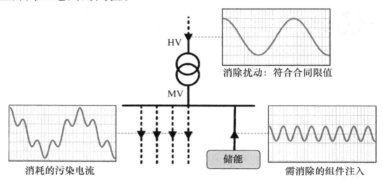

图 3.18　对从输电网提取电流进行有源滤波的原理〔DEL 10〕

对于这两项服务，很可能注定要停留在理论层面，常规解决方案的成本可以作为个案确定价值的基准。

3.3.5　为集中式发电业主提供的服务

集中式发电商能够依靠高功率储能装置，例如，抽水蓄能电站，或者除其发电厂之外基于蓄电池的储能装置，以优化其生产设施的运行。对于这种用途，通常会将发电活动的一部分转移到储能中，以执行四种类型的服务：

1）能量转移；
2）降低二氧化碳排放量；
3）降低维护工作量；
4）提供辅助服务。

3.3.5.1　能量转移

由于火力发电厂或水力发电厂的效率在很大程度上取决于发电功率，因此，可以利用储能将发电量最大化，同时保持运行的最佳经济效益。此外，能量转移可以使避免使用较高运行成本的发电装置成为可能。对于这项服务，必须选定储能的容量，以便能够支持日常的充放电循环，包括非峰值时段的充电和峰值用电时段的放电，放电持续时间为 1~5h。高功率和高能量的储能装置，例如抽水蓄能电站或压缩空气装置，是这项服务较好的候选方案。

3.3.5.2 降低二氧化碳排放量

由于采用了发电技术，在功率峰值和过渡状态期间，发电装置的二氧化碳排放量往往增加。另外，对于这些运行情况，可以利用储能进行部分发电，以便保持低排放量。对峰值时段的发电成本而言，必须对经济利益进行分析，这在未来将包括不断增加的二氧化碳成本。

3.3.5.3 降低维护工作量

此外，储能可以通过避免老旧发电机产生的动态应力来支持现有的发电设施。通过接替功率需求中的大部分动态组件，储能系统可以降低组件的老化和维护成本，能够进行优化利用，同时满足运行时段和最大功率增加的要求。所需的动态特性会对所使用的储能技术产生直接影响。

3.3.5.4 提供功率储备和辅助服务

从技术上讲，为输电系统运营商所提供的辅助服务可以转移到属于发电商的储能装置上。图 3.19 通过一次频率控制示例，说明了这类混合系统的原理。对功率、能量和响应时间大小的确定直接取决于所提供的服务。这种储能应用的价值对应于电力生产方面的经济收益，可以通过更低的功率限值来实现。例如，2012 年，在

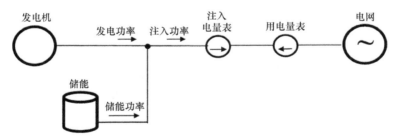

a) 如果频率 f<50Hz，则注入过剩功率(注入功率 >发电功率)

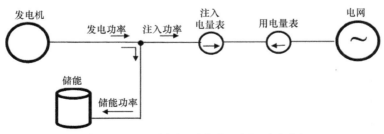

b) 如果频率 f>50Hz，则减少注入功率(注入功率 <发电功率)

图 3.19 由储能接管全部或部分发电装置频率控制功率储备的原理

智利的一个矿区，美国爱依斯公司引入了 50MW 的锂离子电池储能系统，代替
544MW 的火力发电厂来提供电力储存服务，该发电厂当时能够在更高的功率下运
行〔AES 14〕。

3.3.6 为可再生能源分散式发电商提供的服务

3.3.6.1 背景和动机

分散式发电的发展导致了一些新的科学问题和技术问题〔ACK 05，GAU 05，
ROB 06〕。这些问题来自于地理上分散和发展迅速的一些新类型电源。对电能生产
而言，欧盟做出的 2020 年比 1990 年二氧化碳排放量减少20%的承诺有利于可再生
能源的发展。

在已知的问题中，例如，在较低用电量期间，我们可以利用可用的可再生能源
发电量。这可能会导致短暂的发电量过剩，甚至导致负价格，以反映疏散该过剩能
量的成本。

在图 3.20 所示的例子中，发电商在夜间利用该过剩的能量对储能系统进行充
电（相对于给定的最大可疏散功率 P_{max}），而在高用电量时段，除了可用的可再生
能源发电量之外，将该能量注入系统。对于利用可用能源的发电商，利用储能可以
使对注入电网的电功率进行调节成为可能，以满足技术限制条件和/或增加其产品
的经济价值。

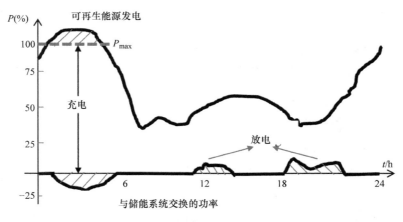

图 3.20　通过储能对发电量分布进行调节

在功率潮流管理的背景下，我们已经看到，通过平衡机制可以引导输电系统运
营商利用储能，这种机制是一种手段，有助于解决因供电需求而导致的电网设备拥
堵（3.3.3.2 节）。在这种情况下，储能系统可以消除或延迟建设新线路的需要，
从而减少增加负荷所需的加强时间。类似地，对于分散式发电商，储能系统的安装
可能会消除新建线路的需求，从而缩短连接额外发电机所必要的时间延迟。

从经济角度来看，如果宣布/出售功率与实际发电功率之间的差值为负，会受

到处罚,因此,电力市场的可再生能源发电具有一定的风险。对发电量的预测存在困难,这可能会导致发电量显著不足,这种不足将成为与可用发电量和负荷相关的不足。储能可以提供服务,让分散式可再生能源发电量更轻松地进入市场。

下面章节将对这些服务进行简要介绍。

3.3.6.2 能量注入推迟

一些可再生能源发电装置,如风力发电装置和光伏发电装置,其一次资源是波动的,并且难以预测。事实上,当充电量较低时可再生一次资源是充裕的,相反,在峰值负荷时一次资源却是不足的。从经济角度来看,在没有上网电价的情况下,如果在高需求期间没有能量供应,则有售电价格低的风险,从而给发电商带来发电量短缺的风险。

作为成本高昂且在峰值时间具有污染的资源的替代品,利用储能来推迟能量注入可以使发电量的经济价值最大化,同时有利于电力系统。能量注入推迟是在当天经济上最不利的时间对能量块进行充电,以便稍后在其价格较高时使用该能量。这种操作的价值在于"实时"能量注入与部分或全部推迟之间的收益差。根据市场中是否包括可再生能源或是否有监管激励费率进行付费,决定这些应用是否可用。

图 3.21 所示为在能源市场中有部分风力发电的情况下的能量注入推迟服务。在凌晨 2:00 至上午 6:00 的最低用电量期间,利用过剩的风能对储能系统进行充电,然后在上午 10:00 至下午 2:00 的早峰值时段将该能量释放,此时的市场价格更高。

作为调节费率的组成部分,也可以在自消耗的开发中使用储能〔GER 08〕。与发电量完全出售的发电厂相比,其差异在于基于可再生能源的全部或部分发电量是由发电商 - 用户所消耗的,无须注入电网(见图 3.22)。自消耗的原理是在可再生能源发电机发电时,利用其自己发出的电为某一电力设施供电。光伏板就是这种典型情况,随着一天中的日照变化,发电量经过功率峰值和功率骤降。为了进行自我消耗,有必要设法将用电期间与发电期间关联起来。可以通过可编程负荷或设备来完成这种关联,这种负荷或设备是通过检测可再生能源发电量的可用性来触发起动。然而,这种类型的电力负荷依然有限,而且当本地可用时,本地储存电能好像更为灵活,以便需求增加时将该电能消耗掉。

对于某一已知的发电商 - 用户,只有当发电量的出售费率 T_{inj}(欧分/kWh)低于用电量的费率 T_{conso} 时,自用电的利益才会通过自用电溢价 T_{auto} 增加。如果两者的差别巨大,鼓励最大限度地利用自用电量,那么引入储能系统才可能是合理的。在图 3.22 所示的简单例子中,分散式发电机每年发出的电量为 E_{PV},负荷每年消耗的电量为 $E_{charges}$。在 A 情况下(全部发电量出售),发电商 - 用户每年的净账单为

$$FactA = E_{conso}T_{conso} - E_{inj}T_{inj}$$

$$FactA = E_{charges}T_{conso} - E_{PV}T_{inj}$$

(3.12)

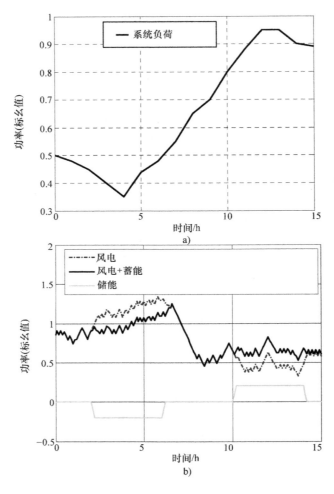

图 3.21 风力发电延迟注入图示

在 B 情况下，发电商 – 用户自消耗其总发电量 E_{PV} 中的一部分 E_{auto}，总发电量保持不变。无论储能中的能量损失如何（如果有的话），从电网中提取的能量 $E_{conso} = E_{charges} - E_{auto}$，同时，注入电网的能量 $E_{inj} = E_{PV} - E_{auto}$。因此，其每年的净账单为

$$\text{FactB} = E_{conso}T_{conso} - E_{inj}T_{inj} - E_{auto}T_{auto}$$
$$\text{FactB} = (E_{charges}T_{conso})T_{conso} - (E_{PV}T_{inj})T_{inj} - E_{auto}T_{auto} \qquad (3.13)$$
$$\text{FactB} = \text{FactA} - E_{auto}(T_{conso} + T_{auto} - T_{inj})$$

为了更好地进行说明，德国法律规定的 2008 年的费率如表 3.6 所示，该费率

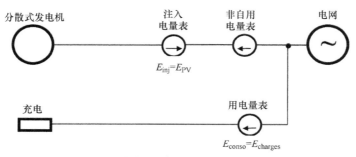

a) 全部发电量出售的计量

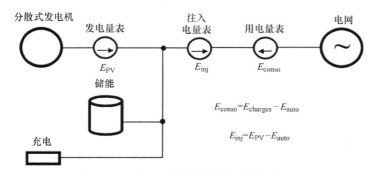

b) 自用电量计算，可以利用储能对其进行加强

图 3.22　可再生能源发电量的总售电量与自用电量之间的计量方法比较

因系统的安装年份而不同 [RIF 09]。

表 3.6　根据 2008 年德国法律所规定的费率 [RIF 09]

安装年份	用电费率 T_{conso}/（欧分/kWh）	注入能量费率 T_{inj}/（欧分/kWh）	自用电费率 T_{auto}/（欧分/kWh）
2014 年	22.04	27.13	15.78
2015 年	22.70	24.69	14.36
2016 年	23.38	22.47	13.07
2017 年	24.08	20.45	11.89

在这个例子中，电力价格以每年增长 3% 为基础进行估计。自用电是有利的，因为在每一种情况下，都会出现

$$T_{conso} + T_{auto} > T_{inj}，也就是说 FactB < FactA \tag{3.14}$$

3.3.6.3　对购电商与系统运营商发电量分布的保证

如果可再生能源发电商是电力市场的组成部分，他们必须根据其预测的发电量提前一天确定每小时的发电量计划，并遵守他们的承诺，如果实际发电量与宣布发

电量之间存在差异，他们应接受处罚。对一次能源（风速、日照等）特性预测的不确定性伴随着这一过程，并导致对上游实时获得的发电量的估计值出现误差。据文献报道，预测在幅度和量方面总体是正确的，但在获得这一水平发电量的时间预测上是不确定的［HOL 04］。在丹麦，由于难以确定峰值发电量时段，提前24h对风力发电量做出预测的误差率有时会达到50%［ACK 05］。

在这种情况下，储能系统可以使发电量变化平稳，同时保证符合提前宣布的发电量水平［LU 10a，LU 10b］。为了保持预先确定的方案，储能的容量选择是不同的，特别是为了保持所保证能源产品的特性，并保持可预测其变化的可靠性［KOE 08］。对于某种给定的可再生能源，这在很大程度上是依赖于地理标准以及发电量计划提前宣布所考虑的时间。这种类型服务有一个实际例子——日本北部的六所村二俣（Rokkasho - Futamata）风电项目，该项目自2008年开始使用34MW/204MWh的钠硫电池，以与51MW的风电场的阶梯分布发电量相匹配。

3.3.6.4 对辅助服务的贡献

截至2014年，在法国，不要求利用可再生能源的发电厂参与频率控制，如风力发电和光伏发电。然而，在其他电力系统中，例如在爱尔兰，参与一次频率控制的建设容量是强制性的。在这种情况下，如图3.6所示，风电场必须保持永久的功率储备，因为在可用时没有使用的所有发电量都会损失，从而导致发电量短缺。为了完成频率控制义务，风电发电商可能选择依靠储能系统而不是他们的风力发电机来提供所需的功率储备。通过这种方式，他们可以继续生产最大可用功率，并可以保证一次功率储备的可用性，无论风力条件如何。

如参考文献［DEL 10］所述，由于储能可以避免发电量损失，这项服务的价值直接关系到风电场所发电量的价值。在法国，风电的规定价格约为80欧元/MWh，为了进行说明，Delille［DEL 10］计算得到所安装的每兆瓦储能系统每年创造的价值可能等于16万欧元。在此条件下，使用储能系统取代可再生能源发电商来进行一次控制在经济上似乎是可行的。然而，当可再生能源发电量每千瓦时的价格下降时，利益就会下降。

3.3.6.5 削减能量的价值决策

当由于某一原因而不可能将可用的电能注入电网时，如配电或输电拥堵、因动态原因而导致的占有率受限、电压制约条件等，电网运营商会请求对有功功率进行定期削减。

为了避免发电量损失，削减能量的价值决策包括在削减请求时对可用能量进行储存/转移（见图3.23）。有了储能系统，发电商可以积蓄该能量，以便在减去损失的份额后将其出售（见参考文献［ABO 05，BAR 04］和［EPR 05b］）。这项服务的价值来自于对能源产品的开发利用，如果没有储能系统，这些能源产品就会损失。重新注入时的能量价格、具体的购买价格、市场价格等依然存在争论。在任何情况下，成本取决于削减的频率，这意味着需要逐案进行研究。储能系统的容量选择也有待评估，并且该容量应比较大，尤其是在削减期间如果有可再生能源的额定功率需要吸收的情况下。储能系统在有关发电厂内和计量点下游的连接似乎最适用于提供该服务。然而，可以设想一些其他配置，以最大限度地提高服务交互作用的可能性，而这仅限于这种理论命题，即它们必须能够对需要削减的根源起限制作用。

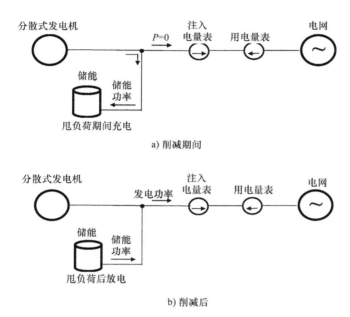

图 3.23　削减期间和削减后功率潮流图示

除了电网系统运营商请求断网期间所生产能量的出售之外，还有一些其他可能的价值来源需要削减发电量。特别是，发电商同意不时地降低其有功功率，可能会在请求并网时，使推迟或避免电网加强成为可能，这会有利于①在建设发电厂时降低发电商的成本（以及电网运营商的潜在成本），且②减少并网时间，尤其是当某些新建工程受到环境或行政制约时。

对于这项服务，在储能系统能量管理方面，理论上最理想的是在任何削减事件之前释放能量，以最大限度地降低可再生能源的损失。

3.3.7　为用户提供的服务

下面简要讨论的这些服务主要涉及工业或商业用户。在较小程度上，一些应用可能现在或将来对个人用户是有利的，即使所涉及的额外复杂性、容量和风险可能会潜在地阻碍这些应用。回想一下 3.3.6.2 节所讨论的储能对家庭自用电的贡献情况。

3.3.7.1　调峰

在面向用户的服务中，文献非常注重调峰（具体参见参考文献［EYE 04,

EYE 10] 和 [NOR 07]），其价值来自于电量定价原则。向用户结算的实际价格包括两部分：一部分与合同规定的功率成正比；另一部分与所消耗的能量成正比。然而，合同规定的功率是可提取的最大值，实际上通常只是能勉强达到该值。从用户的角度来看，这可以追溯到预订服务阶段，预订服务后却不能充分利用该服务，或者，换句话说，付出的远多于真正需要的。

调峰是对用户的用电量分布进行调节，以降低该用户的合同规定功率，从而降低结算金额；但是，这样做的成本是增加了提取的能量（储能产生的损失）。要做到这一点，应在需求较低时进行充电，在峰值功率时进行同步放电，如图 3.24 所示。

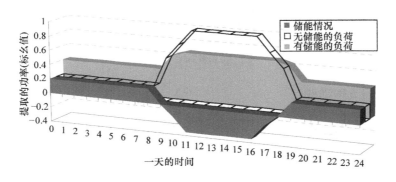

图 3.24　利用用户储能系统进行调峰 [DEL 10]

这种运行的好处在很大程度上取决于用户负荷分布的形式以及合同规定功率的成本以及可能超支的结算细节等各个方面。美国的调峰价值在参考文献 [EYE 04] 和 [NOR 07] 进行了讨论。根据参考文献 [MAR 98] 和 [OUD 06]，最有利的情况是可以提前预测短时峰值用电时段，特别是为了限制将要安装的储能容量。这两种来源都呈现了一种案例研究，表明在工业环境中的一定条件下，调峰是有利可图的。

服务的交互作用可能会提高调峰储能的价值，如对质量/连续性或无功功率补偿的贡献。此外，如果峰值发生在全电价时段，这项服务容易引起用电推迟（见 3.3.7.2 节）。

3.3.7.2　用电量块推迟

这项服务的目的是利用每小时的价格差异，减少用户电费中的"能量"部分。从历史上看，开发该服务是为了在低需求时段储存能量，以转移对电量的需求。通过控制电热水器进行储能，电热水器以热能的形式储存所消耗的电量供将来使用。文献建议根据对电动汽车充电的控制来扩大储能。

对于本书中所考虑的服务，将先前储存的电能重新注入，为电负荷供电。在非峰值时段按照价格 C_{HC} 积蓄能量，而在峰值时段按照高于 C_{HC} 的价格 C_{HP} 恢复能量。

图 3.25 所示为储能系统的运行分布及其对用电现场负荷曲线的影响。

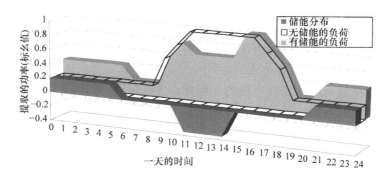

图 3.25　利用用户储能系统推迟用电［DEL 10］

如图所示，已知储能装置的总体效率 η，只有放电时避免的成本（$\Delta C_{HP} = C_{HP}\eta E_{chargée}$）能够弥补与购买储能相关的额外费用（$\Delta C_{HC} = C_{HC} E_{chargée}$）时，才有可能出现机会。在数学上，我们写为 $\Delta C_{HP} > \Delta C_{HC}$，这意味着对于开始相关的用电推迟，峰值时段的价格与非峰值时段的价格之比必须验证 $C_{HP}/C_{HC} > 1/\eta$。

这项服务的价值主要取决于供电商所采用的价格方案。在峰值/非峰值价格存在显著差异时（0.37 ~ 0.11 美元/kWh），假设放电时间为6h，效率 η 为 0.8，参考文献［EYE 10］所做的计算表明，安装的每千瓦储能容量每年的收入为 167 美元。在法国，峰值/非峰值价格之比远低于所考虑的基准值 3.4，潜在增益是相对适中的；简单计算可以表明，其最多可以弥补储能装置的损失成本。也就是说，未来随着反映峰值时间效应的合同出现，可能的收益会增加。

如图 3.25 所示，用电推迟不一定涉及调峰，虽然在用户峰值用电时间与峰值时段一致的情况下，这两项服务可以很容易地进行交互作用。

3.3.7.3　参与需求响应方案

根据多个利益相关者报告，未来可能会号召用户日益积极地参与到电力系统的运行中，尤其是通过调整他们的用电量，以协助保持频率和电压，优化对发电厂的利用或优化拥堵事件的解决方案。这是负荷控制的高级形式，这将是对在法国已使用多年的电热水器储能的补充。

配备有储能装置的用户会与电网运营商或供电商签订定期甩负荷服务的合同。这对用户的好处在于能够做出贡献，使对通常运行的影响降至最低，以在应力增加的时段内，使其用电量得到一定程度的保证。对储能系统的这种利用难以定价，因为该定价一部分取决于用户可以从其参与的需求响应方案得到的利益，一部分取决于分配给其保持正常用电模式的价值。

在任何情况下，该项服务涉及对先前所述许多储能价值的间接利用，如对配电系统运营商的投资推迟，或输电系统运营商负责的频率和电压控制。从用户的角度来看，在电力系统大量充电时段，这些需求可能会出现，有了"调峰"或"用电量块推迟"这类应用，交互作用无疑是可能的。

必要的功率是相关用户合同所规定的功率，从几千瓦到数兆瓦不等，根据激励减负荷请求的需要，放电时间也从几分钟至几小时不等。

3.3.7.4 对电能质量的具体要求

可以利用储能系统对来自电网的短期扰动进行过滤，以保护要求特定质量水平的设备。例如，这可能涉及消除电压降，对敏感设备进行保护。

价值决策源于质量提高所避免的生产率损失，这意味着只能逐案对其进行定价。如果储能系统运营商发现有其他的机会进行交互服务，并且可以规定令人满意的合同条款，储能装置可以直接连接至最近或在电力上尽可能邻近的待保护负荷上。

3.3.7.5 供电的连续性

在定期拉闸限电的情况下，储能系统可以及时地取代电网。该项服务已比较普遍，且已进行商业开发多年，以减少断电对工业应用的影响。在某些情况下，无论停电持续多长时间，其本身就会导致破坏（例如，服务器上的数据丢失）。解决方案包括接入高动态资源，以便在一段时间内接替主要供电。应急安全供电可以延长时间，或在某种设备受控停机并完成备份后再中断。在其他情况下，停电的持续时间是主要的问题（例如，在低温运输系统的情况下）；在这种情况下，需要接入能够立即响应的独立应急供电系统。

这项服务的价值与通过加强连续性所避免的经济损失有关，并且取决于每一种情况的具体特征［EYE 04，EYE 10］。对于家庭用户而言，进行经济性评估是很困难的（详见参考文献［DOU 02］）。

目前，不间断电源市场上有许多商业化产品，利用各种技术将化石燃料发电机的能量储存在储能系统中。对于该项服务，储能装置将直接连接到用户的电器上，或者可以在几个邻近的用户中进行共享，例如，在某一区域活动中。计划孤岛运行就是这种情况，我们在3.3.4.3节已进行了更深入的讨论。

3.3.7.6 对中压或低压电网上游所造成扰动的限制

作为接入配电网合同的组成部分，用户同意对其设施所产生的扰动进行限制。我们不打算讨论进一步的细节，只想简单地说一下目前法国采用的与电压快速波动（电压忽高忽低、电压闪烁）、不平衡以及谐波有关的条款。如果用户从中压提取的功率违反了强加给它的限制，将针对配电系统运营商所采取的纠正决策所涉及的成本对其进行计费。如在3.3.4.4.3节所进行的详细讨论，分散式储能有助于有源滤波解决方案，从而防止扰动在电网上的传播。

储能的这项服务的价值确定对应于配电网运营商解决质量不足问题所采取的决策成本，或对应于不得不由用户建立的常规解决方案的成本。关于这一点，也有大量专门针对这些应用的商业产品，其中一些得到了很好的管理并具有极具竞争力的价格（例如无源滤波器），且毫无疑问，几乎没有为可能的竞争产品留下空间，虽然这些竞争产品具有更多的创新性，但也比较昂贵。通常情况下，对于谐波，在所有其他方案都已使用的情况下才考虑使用有源滤波器。

关于规格，考虑的功率水平介于数百千伏安至大约10MVA之间，最快放电时间为数秒钟，是一个快速动态过程。

3.3.7.7 无功功率补偿

在一年中的某些时段，对受中压或低压供电的用户（超过36kVA）所消耗的正切φ超过0.4的无功电能进行收费。例如，根据公用电网电价（第4次调整）的条款，对于这种无功功率所支付的金额约为1.8欧分/kvarh。

由于其回转或与电网静态接口的可能性，分散式储能系统可以在本地对负荷所消耗的无功功率进行补偿。配备了储能系统的利益相关者可以利用这项额外的服务，来使其储能装置盈利。可以基于上述无功功率或者电容器组的成本，确定经济收益的金额，电容器组会使用户履行其对所接入电网运营商的承诺。

3.3.8 从市场活动中获取的利益

3.3.8.1 能量块购销

文献中广泛讨论的一种应用是按照市场电价改变储能系统的能量管理；当电价最低时进行蓄能，当电价最高时将该能量恢复。这项服务通常被相当错误地称为"套利"；"套利"是财务中所使用的一个术语，是指同时进行的、非连续的购买/销售交易。

参考文献［EYE 04，EYE 10］和［IAN 05］基于从美国市场获取的数据，对"套利"的经济方面进行了讨论。只有当能量重新出售的价格与购买价格（包括由电网交付的成本）之间的差价足够大，能弥补系统的投资和运行时，该运行才有利。

为了对法国这种服务的价值进行估计，在参考文献［DEL 10］中对2007～2008年法国电力交易所（Powernext）一系列现货价格的最大收益进行了估计。为了做到这一点，对一个1MW储能系统的最佳日常运行分布进行了计算，并利用以下方法将其转换为公式：

1）该年中每一天都视为一个独立的问题，其目的是通过适应储能系统24h的有功功率基准电平构成的变量，使市场交易所产生的利润最大化。

2）制约条件与充电状态有关，充电状态必须在任何时候都保持在系统的可用容量范围内，且在第24h的时候为零，并在每一天结束前释放已加载的所有能量。

图3.26所示为所获得的结果，同时考虑了10欧元/MWh的指示性交付（电网）价格和80%的较高储能系统整体效率。这些计算为我们提供了储能系统的年价值范围，介于25000（放电1h）～75000欧元/MW（放电7h）之间，相当于目前收入为8%，10年来的收入介于170000～500000欧元/MW。考虑到储能系统的投资成本，该价值似乎明显不足。

此外，按照记录的价格回溯进行的这种方法，与实践中在第一天从市场定位中得到的价值相比，倾向于使运行得到的价值最大化，得到的金额应视为上限。

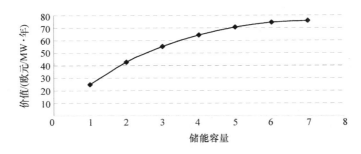

图 3.26　储能一年能量套利创造的价值 ［DEL 10］

这些估计值表明，在当前条件下，单基于储能系统这种服务的价值是很难产生利润的。话虽这么说，但利用一种合适的运行分布，每天的价格变化可能为应用提供额外的价值源，也就是说，在非峰值时段的储能用于推迟峰值时段。至于容量选择，对于逐售市场，接入条件要求的功率水平大于1MW；通过聚合可以得到这一值（具体见参考文献 ［HAR 05］）。

3.3.8.2　辅助服务和系统服务市场

在过去，对电力系统的安全性和可靠性极为重要的一些服务，例如频率控制，仅由并入输电网的发电厂提供。目前的趋势则有可能通过其他设备来提供这些重要的服务，以便输电网运营商可以通过合同规定最大的灵活性，并与更多类别的电网用户签订合同。

法国2014年首次试验性地允许用户和聚合商参与频率控制。仅涉及通过合同［成功并入配电网的合同（CARD）］并入配电网的用电站点和被托管或间接接入公共输电网的那些用户。控制这些站点的利益相关者可以按照不受限制的价格向发电商出售其一次或二次功率储备，发电商可以利用该功率储备来履行其对法国输电公司的义务。该项活动于2015年7月1日开始向交易商开放。这预示着频率控制市场的出现，在该市场上，一次和二次频率功率储备将能够进行交换。比利时2013年就已开始执行这种通过可调收费进行频率控制的服务。在这种情况下，储能像电荷聚集活动一样，将能够用于在新的"辅助服务市场"提供商业化的服务。

对于三次功率储备，也开放了一些新的可能性。例如，在比利时，如果需要，输电网运营商埃利亚（Elia）公司可以通过中断一些大型用户用电提供三次功率储备，而在2014年则主要是通过接入配电网的小型用户甩负荷增加三次功率储备。在这种情况下，对于已签订这种服务合同的用户，在请求该项服务期间，可以利用储能对其家庭负荷部分进行供电。这就是在3.3.7.3节中所述的应用，可以按照所供电的负荷选择容量。目前在比利时，每年可请求该服务4～12次，持续时间为8h。

3.4　储能对处理拥堵事件贡献的示例

3.4.1　电网充电状态的指标

电网充电状态代表着功率潮流的分布，这取决于发电和用电的位置以及无功功率和输电基础设施阻抗的补偿方式。当超过永久性最大允许强度所规定的硬件物理极限时出现拥堵（见 3.2.4.4 节）。然而，除了永久性最大允许强度之外，也考虑了安全运行范围，因为输电线路在其最大容量下运行可能会造成风险，特别是级联超负荷风险。如图 3.27 所示，通过三条完全相同的线路连接的两个区域之间的功率潮流沿着这些线路均匀地分布。在一条线路跳闸的情况下，其余两条线路上的功率潮流各增加 50%。

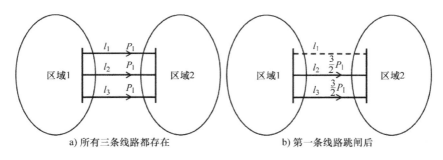

图 3.27　三条完全相同线路的功率潮流分布

如果在跳闸时所有三条线路都在其最大容量下运行，事故发生后，其余的两条线路将出现超负荷。为了防止这种现象，有必要设置一个安全边际。通常采用 N－1 规则对这一边际进行量化；在电网中任何部件故障的情况下，必须使电网保持运行。安全边际是指，在某一机制故障后，其余机制不超过任何物理限制。然而，当多个电力系统互联时，则难以规定该边际，因为它取决于所有电力系统的最新功率注入量和功率提取活动。为了确定在 N 和 N－1 时的拥堵区，规定了电网的荷电状态指标 ITC_l 为 ［VER 11b］

$$\text{ITC}_l = \frac{S_l}{S_{\max,l}} \tag{3.15}$$

式中，$S_{\max,l}$ 和 S_l 为机制 l 的最大视在功率和有功功率水平。如果 ITC_l 大于 1，表明有拥堵事件发生。

3.4.2　电网演进愿景

为了说明储能在本例中的贡献，我们将 2020 年法国电网在峰值用电量、传统电力生产和风电生产方面的三种变化情况与 2002 年的两种状态进行比较，这两种状态由两种不同的用电量水平来区别。表 3.7 是对这些不同情况的汇总。2020 年法国的风电装机容量目标为 25GW，其中有 5GW 为海上风电。

表 3.7　工作点汇总

工作点	年份	时间段	法国用电量	运行中的核电、火电及核电设施	有效风电生产
A	2002 年	8 月 21 日上午 11：00	48.9GW	82.5 GW	0GW
B	2002 年	1 月 16 日上午 11：00	69.5GW	82.5 GW	0GW
C	2020 年	8 月第三个星期四下午 3：00 至下午 5：00 之间	35.3GW	93.7GW	17GW
D	2020 年	冬季峰值负荷，下午 7：00 至下午 8：00 之间	90.8GW	93.7GW	17GW
E	2020 年	冬季峰值负荷，下午 7：00 至下午 8：00 之间	90.8GW	93.7GW	0GW

3.4.3　布列塔尼拥堵事件的处理

电网充电状态指标在法国电网的应用，使得识别最容易出现拥堵风险的区域成为可能，特别是在布列塔尼和普罗旺斯—阿尔卑斯—蓝色海岸地区。

因此，如果布列塔尼电网在 B、D 和 E 情况下出现了拥堵事件，如图 3.28 所示，在 400kV 线路连接节点 94 和 113 出现故障后，线路 1、2 和 3 将出现拥堵事件。表 3.8 给出了这些指标的值。

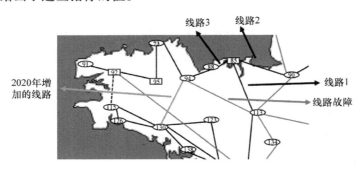

图 3.28　所研究的布列塔尼电网（该图的彩色版本请参见 www.iste.co.uk/robyns/powergrids.zip）

由于本地用电量较高且缺乏本地发电量，这需要一个功率潮流为负荷供电，因此超负荷过高。比较情况 B 和情况 D，由于在节点 94 和节点 130 之间增加了一条线路（正在建设），这将缓解布列塔尼东北部电网的压力，所以，2020 年的拥堵事件将会较少。此外，更多的风力发电以及圣布里厄附近的 500MW 海上风电场将会出现，并接入节点 94，这将有助于减少拥堵。

表 3.8   电网充电状态指标

各线路的指标	工作点		
	B	D	E
ITC1 （%）	115	108	140
ITC2 （%）	125	115	157
ITC3 （%）	130	128	182

在方案 E 中，所考虑的风电生产为零，这是最严重的情况，线路 3 超负荷 82%。可以通过在节点 88 接入储能系统来避免拥堵事件的出现。对于这一机制的容量选择，表 3.9 给出了避免拥堵事件所必需的功率水平。

表 3.9   利用在节点 88 接入的储能系统管理拥堵事件所需要的功率

	工作点		
	B	D	E
功率/MW	250	178	386

3.5   储能对孤岛电网频率控制提供动态支持的示例

3.5.1   服务背景和潜在利益

20 世纪 80 年代西柏林在独立系统中安装了容量为 17MW/14.4MWh 的铅酸电池，以增加电力供应的可靠性［KUN 86］，随后，由于新储能技术的优异动态性能，其对频率控制的贡献一直是一个令人感兴趣的主题。最近，碳纤维飞轮和锂离子电池等新技术已在孤岛中用于类似的应用，包括夏威夷，甚至在美国互联电网内部。

在本节中，我们将对具有较短响应时间的储能装置的新型潜在服务进行介绍。该服务具体是为频率控制提供动态支持，目的是减少孤岛系统中对欠频甩负荷的使用。正如我们在瓜德罗普系统使用这种服务应用所看到的，这种应用使得利用某些储能系统的动态性能成为可能，并从电力系统的角度提高储能系统的价值，从长期来看，这可能有助于储能系统的发展。

3.5.2   什么是欠频甩负荷

当供电与负荷需求之间突然不平衡而导致一次功率储备不足时，或者功率储备释放动态太慢时，用户甩负荷是唯一一种减缓常规发电厂动能损失的方式，从而在发电厂预防性地与电网断开之前稳定频率。欠频甩负荷自动控制的主要目的是尽可能地避免事故扩大［RTE 04］。

在实践中，这种功能是在一次变电站内实现的。将用电分为不同的子集，称为梯队，以便只断开所需要的负荷量，重新建立平衡。例如，在法国本土城市，中压馈线分为五个梯队，每一梯队代表着总功率的大约 20%。在超过频率范围的情况下，自动系统按照供电的优先顺序即刻断开用户，先断开第一梯队，目前，瓜德罗普系统的功率控制在48.5Hz。不能甩最后一个梯队的负荷，其中包括一些优先级用户；在大面积停电时才能停止向这一梯队供电。在必须激活欠频甩负荷的事故发生后，由电网运营商通过手动控制逐步重新连接相关的电荷。

3.5.3　动态支持的技术规范

低功率水平以及缺乏互联性导致了孤岛电力系统特有的一些特性。我们注意到，在这些特性中，与发出的总功率相比，较弱旋转质量的动能较低，且发电机组的单位容量较大。这两种性质结合在一起时，会导致较高频率的变化，特别是在发电机组突然发生损失的情况下。此外，利用可再生能源的电源的不断加入使这种现象趋于加重；这些新的发电装置取代常规发电装置，几乎不（在风电技术的情况下）或根本不（在所有光伏装置的情况下）为电力系统提供惯性。

在参考文献［DEL 10］中，对瓜德罗普群岛3年（2006～2008年）的故障分析表明，可通过一次功率储备的动态释放标准来解释欠频甩负荷高达50%。换句话说，对于这些事故，可用功率是足够的，但常规电力生产技术及其控制的响应时间面对实践中所观察到的频率梯度是不够的。正是在这种情况下，某些储能技术的性能可以为孤岛电网的动态特性提供一种有力的支持。

动态频率控制支持的原理是，在突发事故后降低骤降的深度，同时给予常规资源足够的时间来提高功率水平。为了做到这一点，该服务得依赖脉冲式功率储备，该功率储备能够临时完成一次控制的作用，其特点如下：

1）其部署时间必须尽可能短，最多约为1s，这在频率下降超过1Hz/s的情况下是有用的；

2）其保持时间必须覆盖最小频率的实现（几秒钟），并且可以延长至一次控制完成部署（约15s）；

3）该行动的终止必须是渐进性的，以免在发电量与用电量之间造成一种新的突然不平衡，这会危害电力系统的安全性。

图3.29针对目前法国孤岛电网现有的控制为这项服务进行了定位，具体地讲，如图3.29a所示，最先动作的自动一次控制用于停止频率下降，接下来，调度人员通过手动操作，例如，起动燃气轮机，重新建立控制。如图3.29b所示，动态支持在一次功率储备激活期间会产生干扰，通过脉冲式功率储备对部分不平衡进行补偿，而不是从发电机组中取得动能，从而降低事故后频率下降的最大深度，这能够避免按照一次功率储备动态释放的标准激活工频甩负荷。如果在常规电力生产系统中可用的功率储备充足，在动态支持操作终止后，仅靠一次控制的作用，就能将该频率稳定下来。

显然，如果储能系统的容量选择允许，除了发电机功率储备之外，或作为发电机功率储备的替代品，可以保持功率注入超出临时系统。这是对一次控制的贡献，如果有可能在长期基础上继续供电，该贡献甚至更大；这些都是其他服务，其技术和经济方面已成为实践研究和项目的主题，如本章前面所讨论的。

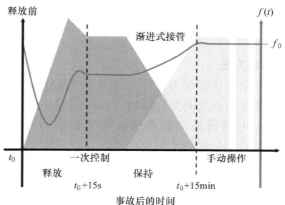

a) 法国孤岛电网当前的频率控制

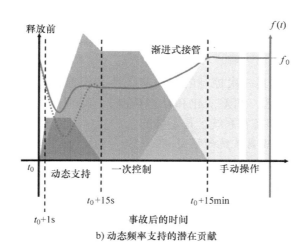

b) 动态频率支持的潜在贡献

图 3.29　针对法国孤岛电网现有控制的动态支持定位，以及发电量与用电量之间
突然不平衡时频率骤降的预期影响 ［DEL 12］

3.5.4　详细研究动态支持所采用的方法

基于一种宿命论者的方法，也就是说，基于最坏的情况，对储能所贡献的这项
服务进行了技术和经济方面的研究。对瓜德罗普系统进行的三种模拟情况已经得到
了应用：

1）第 1 种情况基于上面提到的 2006 ~ 2008 年发电组中最严重的不可预见的
损失；

2）第 2 种情况基于 2009 年所观察到的真实配置，瞬时占有率达可变可再生能
源的 12%；

3）第 3 种情况是基于第 2 种情况发展起来的，这种情况的瞬时占有率达可变可再生能源的 29% ，是一种理想情况。

可以按如下三个阶段对这项服务进行介绍：①理论方法；②动态模拟；③实验室执行。

3.5.5　第一阶段：理论方法

在本节中，利用理论方法尝试对用于动态支持的储能系统的初始容量进行选择，该理论方法是基于电力系统的变分模型（标准的"小信号"方法），并将该模型进行扩展，以对孤岛电网研究的服务所必需的储能进行估计。所考虑的假设如下：

1）电网模型限于单一的同步区域，在该区域内，频率被认为在任何时段都是相同的。在将发电装置转速变化转换为公式的过程中，考虑了"小信号"简化。

2）以统一的传递函数的形式对有助于一次频率控制（包括速度控制器、执行机构和所包含的过程）的所有机组的动态特性进行介绍。在孤岛电网中这种选择是很合理的，其中，大多功率储备由采用单一技术的发电厂提供，因此，其特征确定了该系统的动力特性。超前滞后滤波器用于以某一基本方式研究更高量级的传统模型。

3）忽视发电厂或其一次控制的所有非线性（根据控制装置和设备等的工作点、饱和度确定的死区、调差变化和动态情况）。特别是，计算不包含功率限制器；因此，可用功率储备在系统上是足够的。

3.5.5.1　围绕平衡点隔离系统的模型

根据参考文献［KUN 94］中所描述的"小信号"假设下的经典推理，例如，可以通过以下公式以及相关图 3.30，对从某一给定初始状态开始的电力系统频率 f 的变化进行介绍。在这些表示中：

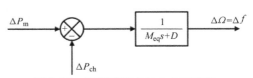

图 3.30　围绕平衡点的电力系统的
简化动态模型［KUN 94］

1）M_{eq}，单位为 s，是与系统惯性相关的时间特性，或"机械时间常数"；

2）D，没有单位，是电荷自我调节系数，是衡量其对频率变化的敏感性；

3）ΔP_m，单位为给定基准 VA_{base} 的每一单位，是发电机产生的机械功率的变化；

4）ΔP_{ch}，单位为给定基准 VA_{base} 的每一单位，是独立于频率 f 变化的负荷所要求的电功率变化值：

$$\Delta f(s) = \frac{1}{M_{eq}s + D}\left(\Delta P_m(s) - \Delta P_{ch}(s)\right) \tag{3.16}$$

在图 3.30 架构的上游，参与运行发电厂 n 一次控制的发电机 n' 的等效轴功率（$n' \leqslant n$）由作用在执行机构上的转速控制回路产生，该执行机构控制着汽轮机或驱动机械耦合的发动机的供电量。这里介绍的计算目的是通过一种文字表述研究该系统的动态特性，这就要求对发电厂进行简单的描述。在这种情况下，我们认为：

1) 将每台机组 i 的速度控制降至调差为 δ_i。也就是说，机组所请求的功率变化是瞬时的且与修正的转速变化 $\Delta P_{mi\_ref} = -\Delta f/\delta_i$ 成正比。

2) 该系统中所有发电厂的系统（执行机构和过程）测试相同的传递函数，其中常数 T_1 和 T_2 的单位为 s：

$$\frac{\Delta P_{mi}(s)}{\Delta P_{mi\_ref}(s)} = \frac{1 + T_1 s}{1 + T_2 s} \tag{3.17}$$

对于连接电网的所有发电厂 $G_1 \cdots G_n$，其中 n' 发电厂按照调差 $\delta_1 \cdots \delta_{n'}$ 参与一次控制，我们将利用 δ_{eq} 写出系统的当量调差，单位为 VA_{base}。在稳定的系统中进行计算，而另一方面我们可以写为

$$\Delta P_{m\_ref} = -\frac{1}{\delta_{eq}} \Delta f \tag{3.18}$$

并且，在另一方面

$$\Delta P_{m\_ref} = \sum_{i=1}^{n} \Delta P_{mi\_ref} = \sum_{i=1}^{n'} \Delta P_{mi\_ref} = -\sum_{i=1}^{n'} \left(\frac{1}{\delta_i} \Delta f \right) \tag{3.19}$$

由此，我们推导出以下表达式，图 3.31 所示为围绕平衡点的电力系统简化动力学模型的完整模式：

$$\delta_{eq} = \left(\sum_{i=1}^{n'} \frac{1}{\delta_i} \right)^{-1} \tag{3.20}$$

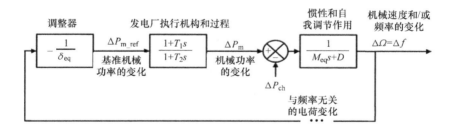

图 3.31 电力系统的简化模型，其一次控制是由利用完全相同技术的发电厂提供 [DEL 10]

3.5.5.2 暂时频率变化

基于图 3.31 获得的结果，我们用下面传递函数的形式表示频率瞬态：

$$\frac{\Delta f(s)}{\Delta P_{ch}(s)} = -\frac{\dfrac{\delta_{eq}}{\delta_{eq}D + 1}(T_2 s + 1)}{\dfrac{\delta_{eq} T_2 M_{eq}}{\delta_{eq}D + 1} s^2 + \dfrac{\delta_{eq} M_{eq} + \delta_{eq} T_2 D + T_1}{\delta_{eq}D + 1} s + 1} \tag{3.21}$$

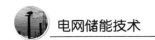

为了减少下文的书写量，我们对常数 N_{eq}、D_{1eq} 和 D_{2eq} 进行了定义，这些是所研究的电力系统特有的特性：

$$N_{eq} = \frac{\delta_{eq}}{\delta_{eq}D + 1} \tag{3.22}$$

$$D_{1eq} = N_{eq}\, T_2\, M_{eq} \tag{3.23}$$

$$D_{2eq} = \frac{\delta_{eq} M_{eq} + \delta_{eq} T_2 D + T_1}{\delta_{eq}D + 1} \tag{3.24}$$

我们认为，施加在该系统上的应力是电荷幅值 ΔP_{ch0}（$\Delta P_{ch}(s) = \Delta P_{ch0}/s$）的程度，所有的计算完成后，可以表示为

$$\Delta f(s) = -\Delta P_{ch0}\, N_{eq}\Big[\frac{T_2}{D_{1eq} s^2 + D_{2eq}s + 1} + \frac{1}{s(D_{1eq} s^2 + D_{2eq}s + 1)}\Big] \tag{3.25}$$

用拉普拉斯变换反函数表示事故发生后频率的暂时变化，在实践中，如果负的决定因素为 $D_{2eq}^2 - 4 D_{1eq}$，且 $\theta = \arctan(\xi/\sqrt{1-\xi^2})$，频率暂时变化的表达可写为

$$\Delta f(t) = -\Delta P_{ch0} N_{eq}\Big[1 + \frac{e^{-\xi\omega_n t}}{\sqrt{1-\xi^2}}(T_2\,\omega_n\sin(\sqrt{1-\xi^2}\,\omega_n t) - \sin(\sqrt{1-\xi^2}\,\omega_n t + \theta))\Big]$$
$$\tag{3.26}$$

3.5.5.3 最低频率的确定

首先得到上述的表达式用于表示时间 t_{min}，在这个时间结束时其本身自行取消，也就是说，在这个时间结束时，在不平衡事件开始后，获得系统的最低频率

利用进行的所有计算，我们得到

$$t_{min} = \frac{\frac{\pi}{2} + \xi}{\omega_n\ \sqrt{1-\xi^2}}, \quad \tan\xi = \frac{1 - T_2\,\omega_n\cos\theta}{T_2\,\omega_n\sin\theta} \tag{3.27}$$

该时间取决于系统的参数（T_1、T_2、δ_{eq}、D 和 M_{eq}，开始时为 ω_n、ξ、θ 和 ζ），并且与不平衡的深度无关。最后，我们得出幅值 ΔP_{ch0} 不平衡事件后所产生的频率骤降值的文字表达式为

$$\Delta f_{max} = -\Delta P_{ch0} N_{eq}\Big[1 + \frac{e^{-\xi\omega_n t_{min}}}{\sqrt{1-\xi^2}}(T_2\,\omega_n\sin(\sqrt{1-\xi^2}\,\omega_n t_{min}) - \sin$$

$$(\sqrt{1-\xi^2}\,\omega_n t_{min} + \theta))\Big] \tag{3.28}$$

3.5.5.4 储能的容量选择

以上所确定的结果表明，在事故期间达到的深度为 Δf_{max}，在此用 Hz 表示，该深度与发电量与用电量不平衡值的幅度 ΔP_{ch0} 成正比：

$$\Delta f_{max} = f_0 \Delta f_{max}^{pu} = -f_0(\Delta P_{ch0}^{pu} \times C_{transitory\_f}^{pu}) = -\Delta P_{ch0} \times C_{transitory\_f}^{MW/Hz} \tag{3.29}$$

在这一表达式中，术语 $C_{transitory\_f}^{MW/Hz}$（Hz/MW）对所建模电力系统的动态特性进

行了定性，利用式（3.28）可以轻松地确定其表达式。对于给定的工作点，该数据依赖于五个参数：旋转质量的动能（或等效系统起动时间 M_{eq}）、一次控制能量（或等效系统调差 δ_{eq}）、自控制电荷（其幅值的特性由系数 D 确定）以及发电组简化动态模型的时间常数（超前滞后过滤器的 T_1 和 T_2）。在计算时，面对在机电暂态范围内发挥作用的其他现象，储能系统的响应时间可以忽略；换句话说，在事故发生后的第一时间，脉冲功率储备 $P_{storage}$ 瞬间并立即释放，以减少在特定值时发电量与用电量之间的不平衡：

$$\Delta P'_{ch0} = \Delta P_{ch0} - P_{storage} \qquad (3.30)$$

储能系统的容量选择是一个估计所需储存能量的问题，以在出现不平衡 ΔP_{ch0} 后实现允许频率骤降的目的深度 Δf_{max_target}。利用式（3.29），我们写为

$$P_{storage} = \frac{\Delta f_{max\_target}}{C_{transitory\_f}^{MW/Hz}} + \Delta P_{ch0} \qquad (3.31)$$

根据我们利用可用数据进行的计算，瓜德罗普安装的 3~7MW 系统可以在所考虑的假设下保持频率高于 49Hz。考虑到各种必要的简化，以便得到所建议的方法可用的分析表达式，这些结果给出了初始值，但必须小心使用。该模型的主要限制与未考虑发电组的非线性这一事实相关。

3.5.6 第二阶段：动态模拟

为了进一步说明，我们利用软件 Eurostag v4.4 进行了一系列的模拟，对所建议的应用进行了详细的定性，并对控制规则进行了更新。为了做到这一点，我们将 500kW 的装置植入了瓜德罗普电网的三种运行情况模型中，并以超级电容器组为基础，引入了储能装置的动态表示。基于 3.5.3 节所给出的动态支持规范，我们制定了各种运行模式的本地监控策略，并对其性能进行了详细研究。

最后表明，所建议的应用和控制能够使利用现代储能技术极短的响应时间成为可能，以利于电力系统的安全性和可靠性。事故发生后快速释放脉冲功率储备可以减少施加在仍与电网相连的其他发电组上的临时超负荷。因此，这种动态支持缓解了频率差，具有显著的有利影响，可作为孤岛电网运营商提高其供电连续性所做出的部分努力。例如，对于情况 1，3.5MW 的快速储能有助于释放出足够的一次功率储备，以避免用户甩负荷；在图 3.32 中，为方便进行比较，没有激活自动甩负荷的过程，相应的曲线保持高于 48.5Hz 的初始阈值。

我们已对各点进行了讨论，以确定这种特性，如再充电管理，以保证中压电压下降时所建议服务的可用性、超级电容器的工作电压选择和储能系统的反应。最后，通过情况 2 和情况 3，表明频率控制的动态支持对利用可再生能源的分散式发电占有率较高的情况是有利的［DEL 12］。

3.5.7 第三阶段：实验室执行

作为进一步的支持，对所使用的模型进行了改进，并通过 L2EP 实时模拟平台

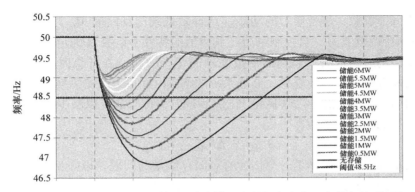

图 3.32　发电厂发生损失后瓜德罗普电网动态模型中的频率变化，参考文献［DEL 10］的方案 1，有储能（该图的彩色版本请参见 www. iste. co. uk/robyns/powergrids. zip）

进行了实验测试验证。如图 3.33 所示，低功率的超级电容器装置（42F，194V，10kVA）已与所模拟的瓜德罗普电网连接，以测试其在类似于现实的运行条件下的控制。

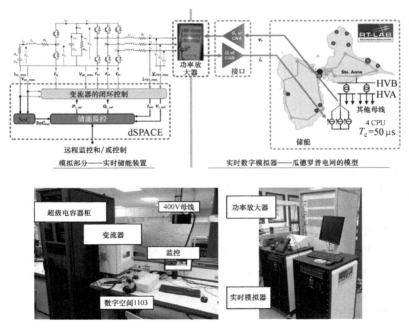

图 3.33　测试动态支持的实验装置［DEL 10］（该图的彩色版本请参见 www. iste. co. uk/robyns/powergrids. zip）

图 3.34 所示为动态支持在实验室样机中的试验应用结果。最初，储能系统处于备用状态，且在 V_{SC_ref} = 160V（a）时充电。在实时模拟器上对大型发电厂的触

发进行控制，该触发会引起快速频率下降（b），实际储能装置的监督体系将对此做出反应。最初，全功率迅速释放，以避免用电量降低。然后，将该支持延长（d），直到达到授权的最小充电状态。在 $t_0 + 2\text{min}$ 与 $t_0 + 4\text{min}$ 之间，发电厂功率重新连接且逐渐增加，将系统频率恢复到 50Hz。在预先确定的等待时间内，如果没有任何新的扰动，储能系统从 $t_0 + 9\text{min}$（f）开始，在功率降低的情况下进行充电，直到获得基准电压 $V_{\text{sc\_ref}}$（g）。

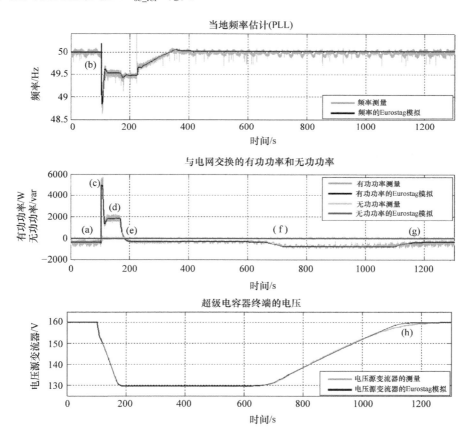

图 3.34　实验室样机对频率变化的响应，并与模拟结果进行比较［DEL 10］
（该图的彩色版本请参见 www. iste. co. uk／robyns／powergrids. zip）

这一系列试验已用于对所研究模型进行验证，并大大地改善监督模式。确保实际储能装置正确运行所要求的控制修改也已整合到动态模拟中，以便对所研究的服务特性进行改进。

3.5.8　经济价值决策

根据所执行的容量选择，确定了该服务的经济价值决策因素。根据计算所使用的数据，数兆瓦的脉冲功率储备可以避免高达 50% 的电力系统甩负荷，如瓜德罗普孤岛上的系统。这种停电次数的减少，如果根据功率中断和非分布式能源标准理念转换成经济条件，在某些情况下，其带来的利益超过了基于超级电容器的储能装置的投资和开发成本。由动态支持所产生的价值可能也有助于增加致力于其他应用的系统的盈利能力。

3.5.9 结论

在本案例研究中，除了提供有关的创新服务细节之外，还给出了一些方法和工具示例，用于研究储能对电力系统改良运行的贡献。

3.6 总结

本章的第一部分详细说明了电力系统的基本运行特性。然后，介绍了储能装置为这些系统中各利益相关者所提供的服务。为了说明这些问题，阐明研究方法，最后几部分专门通过有针对性的例子介绍了储能系统的贡献，如储能对拥堵事件处理的贡献以及在孤岛电网突然失衡的情况下，储能对频率控制动态支持的贡献。

由于储能系统的投资成本仍然很高，在面对其他传统或创新的解决方案时，其可能为利益相关者提供的服务不足以证明该解决方案在经济上的合理性。使储能系统产生的收益最大化的一种可能方式是，使代表业主的各种服务产生关联或与其他利益相关者一起反对一些收费 [DEL 09]。投资决定必须在逻辑上基于一项主要服务。为了使储能系统的价值最大化，可以增加额外服务，但其技术可行性应通过验证。一旦确定了紧密结合的服务清单，则必须构建商业模式，确定利益相关者以及如何分配该价值的主要部分。多种服务类型的运行涉及储能系统的具体请求；系统运营商必须结合智能决策算法，根据需要选择不同的服务。根据不同的情况，他们可以单独实时发布指令并进行控制，也可以根据对可再生能源发电量的预测，要求一定程度的上游规划。

3.7 参考文献

[ABO 05] ABOU-CHACRA F., Valorisation et optimisation du stockage d'énergie dans un réseau d'énergie électrique, Thesis, University of Paris XI, UFR Scientific d'Orsay, 2005.

[ACK 01] ACKERMANN T., ANDERSSON G., SODER L., "Distributed generation: a definition", *Electric Power Systems Research*, vol. 57, pp. 195–204, 2001.

[ACK 05] ACKERMANN T., *Wind Power in Power Systems*, Wiley, 2005.

[AES 14] AES, available at www.aesenergystorage.com, 2014.

[BAR 04] BARTON J., INFIELD D., "Energy storage and its use with intermittent renewable energy", *IEEE Transaction on Energy Conversion*, vol. 19, no. 2, pp. 441–448, June 2004.

[BOU 09] BOUHALI O., FRANCOIS B., BERKOUK E. *et al.*, "Power sizing and control of a three-level NPC converter for grid connection of wind generators", *Electromotion Journal,* vol. 16, no. 1, pp. 38–49, March 2009.

[CRA 03] CRAPPE M., *Commande et régulation des réseaux électriques*, Hermès-Lavoisier, Paris, 2003.

[DEL 09] DELILLE G., FRANCOIS B., MALARANGE G., "Construction d'une offre de services du stockage pour les réseaux de distribution dans un contexte réglementaire dérégulé", *European Journal of Electrical Engineering*, vol. 12, nos. 5–6, pp. 733–762, 2009.

[DEL 10] DELILLE G., Contribution du Stockage à la Gestion Avancée des Systèmes Electriques, Approches Organisationnelles et Technico-économiques dans les Réseaux de Distribution, Thesis, l'Ecole Centrale de Lille, L2EP, 2010.

[DEL 12] DELILLE G., FRANCOIS B., MALARANGE G., "Dynamic frequency control support by energy storage to reduce the impact of wind and solar generation on isolated power system's inertia", *IEEE Transactions on Sustainable Energy,* vol. 3, no. 4, pp. 931–939, 2012.

[DEV 09] DEVATINE L., "Postes à haute et très haute tension: Rôle et structure", *Techniques de l'Ingénieur*, reference D4570, 2009.

[DIR 09] DIRECTIVE 2009/28/CE relative à la promotion de l'utilisation de l'énergie produite à partir de sources renouvelables et modifiant puis abrogeant les directives 2001/77/CE et 2003/30/CE, 2009.

[DOU 02] DOULET A., "Le concept d'énergie non distribuée, outil d'aide à la décision dans la gestion des réseaux électriques", *Réalités industrielles*, pp. 62–68, 2002.

[EIR 09] EIRGRID, EirGrid Grid Code, Version 3.3, [Online], 30 January 2009, available at http://www.eirgrid.com.

[EN 99] EN 50160, Voltage characteristics of electricity supplied by public distribution systems, 1999.

[ENT 14] ENTSOE, *Continental Europe Operation Handbook*, [Online], 2014, available at https://www.entsoe.eu/publications/system-operations-reports/operation-handbook/Pages/ default.aspx.

[EON 05] EON, Wind report, [Online], 2005, available at http://www.transpower.de.

[EPR 02] EPRI (Electric Power Research Institute), Primer on distributed energy resources for distribution planning, Palo Alto, CA, 1004644, 2002.

[EPR 03] EPRI (Electric Power Research Institute), Handbook of energy storage for transmission and distribution applications, Technical Report 1001834, Palo Alto, CA, and the U.S. Department of Energy, Washington, DC, December 2003.

[EPR 05a] EPRI (Electric Power Research Institute), VRB energy storage for voltage stabilization: testing and evaluation of the Pacificorp Vanadium Battery Energy Storage System at Castle Valley, Palo Alto, CA, 1008434, 2005.

[EPR 05b] EPRI (Electric Power Research Institute), Wind power integration: energy storage for firming and shaping, Palo Alto, CA, 1008388, 2005.

[ERD 08] ERDF, Description physique du réseau de distribution, ERDF-NOI-RES_07E, 2008.

[EYE 04] EYER J., IANNUCCI J., COREY G., Energy storage benefits and market analysis handbook – a study for the DOE Energy Storage Program, Sandia National Laboratories, Technical Report SAND2004-6177, December 2004.

[EYE 05] EYER J., IANNUCCI J., BUTLER P., Estimating electricity storage power rating and discharge duration for utility transmission and distribution deferral – a study for the DOE Energy Storage Program, Sandia National Laboratories, Technical Report SAND2005-7069, November 2005.

[EYE 10] EYER J., COREY G., Energy storage for the electricity grid: benefits and market potential assessment guide – a study for the DOE Energy Storage Program, Sandia National Laboratories, Technical Report SAND10-0815, February 2010.

[FRI 08] FRIDLEIFSSON I., BERTANI R., LUND J. et al., "The possible role and contribution of geothermal energy to the mitigation of climate change", IPCC Proceeding, 20–25 June 2008.

[GAU 97] GAUDRY M., BOUSQUE J.-L., Lignes aériennes: échauffements et efforts électrodynamiques, Technique de l'Ingénieur, vol. D4439, February 1997.

[GAU 05] GAUTIER E., BOUSSEAU P., BELHOMME R. et al., "Revue de solutions pour l'intégration de l'éolien dans les réseaux électriques", REE, no. 5, pp. 59–64, May 2005.

[GER 08] GERMAN BUNDESTAG, Update of feed in tariff for renewable energies in Germany, Feed in International Corporation, 2008.

[HAR 05] HARMAND Y., NEBAS-HAMOUDIA C., LARRIPA B. et al., "Le mécanisme d'ajustement: Comment assurer l'équilibre production-consommation dans un marché ouvert à la concurrence?", REE, vol. 6/7, pp. 91–104, July 2005.

[HOL 04] HOLTTINEN H., The impact of large scale wind power production on the Nordic electrical system, Thesis, Helsinki University of Technology, Espoo, Finland, 2004.

[IAN 05] IANNUCCI J., EYER J., ERDMAN B., Innovative applications of energy storage in a restructured electricity marketplace phase III final report – a study for the DOE Energy Storage Program, Sandia National Laboratories, Technical Report SAND2003-2546, March 2005.

[KAN 14] KANCHEV H., Gestion des flux énergétiques dans un système hybride de sources d'énergie renouvelable: Optimisation de la planification opérationnelle et ajustement d'un micro réseau électrique urbain, Thesis, l'Ecole Centrale de Lille et de l'Université Technique de Sofia, 24 January 2014.

[KAS 07] KASHEM M., LEDWICH G., "Energy requirement for distributed energy resources with battery energy storage for voltage support in three-phase distribution lines", *Electric Power Systems Research*, vol. 77, no. 1, pp. 10–23, 2007.

[KOE 08] KOEPPEL G., KORPAS M., "Improving the network infeed accuracy of non-dispatchable generators with energy storage devices", *Electric Power Systems Research*, vol. 78, pp. 2024–2036, 2008.

[KUN 86] KUNISCH H.J., KRAMER K.G., DOMINIK H., "Battery energy storage – another option for load-frequency-control and instantaneous reserve", *IEEE Transactions on Energy Conversion*, vol. EC-1, no. 3, September 1986.

[KUN 94] KUNDUR P., *Power System Stability and Control*, McGraw-Hill, New York, 1994.

[LU 10a] LU D., FAKHAM H., ZHOU T. *et al.*, "Application of Petri Nets for the energy management of a photovoltaic based power station including storage units", *Renewable Energy*, Elsevier, vol. 35, no. 6, pp. 1117–1124, 2010.

[LU 10b] LU D., Conception et contrôle d'un générateur PV actif à stockage intégré: Application à l'agrégation de producteurs-consommateurs dans le cadre d'un micro réseau intelligent urbain, thèse de doctorat de l'Ecole Centrale de Lille, 16 December 2010.

[MAR 98] MARQUET A., LEVILLAIN C., DAVRIU A. *et al.*, *Stockage d'électricité dans les systèmes électriques*, Techniques de l'Ingénieur, reference D4030, 1998.

[MOR 07] MOREIRA C., RESENDE O., PEÇAS LOPES J., "Using low voltage microgrids for service restoration", *IEEE Transactions on Power Systems*, vol. 22, no. 1, pp. 395–403, 2007.

[MUL 03] MULTON B., *Production d'énergie électrique par sources renouvelables*, Techniques de l'Ingénieur, traité Génie Electrique D 4005, 2003.

[NOR 07] NORRIS B., NEWMILLER J., PEEK G., NAS battery demonstration at American Electric Power – a study for the DOE Energy Storage Program, Sandia National Laboratories, Technical Report SAND2006-6740, 2007.

[NOU 07] NOURAI A., Installation of the first distributed energy storage system (DESS) at American Electric Power (AEP), Sandia National Laboratories, Technical Report SAND2007-3580, 2007.

[NOU 08] NOURAI A., KOGAN V.I., SCHAFER C.M., "Load leveling reduces T&D line losses", *IEEE Transactions on Power Delivery*, vol. 23, no. 4, pp. 2168–2173, 2008.

[NOU 10] NOURAI A., KEARNS D., "Batteries included", *IEEE Power and Energy Magazine*, vol. 8, no. 2, pp. 49–54, 2010.

[OUD 06] OUDALOV A., CHARTOUNI D., OHLER C. *et al.*, "Value analysis of battery energy storage applications in power systems", *Proceedings of the IEEE PES Power System Conference and Exposition (PSCE06)*, Atlanta, pp. 2206–2211, 2006.

[RIC 06] RICHARDO O., Réglage coordonné de tension dans le réseaux de distribution à l'aide de la production décentralisée, PhD Thesis, INP Grenoble, 2006.

[RIF 09] RIFFONNEAU Y., Gestion des flux énergétiques dans un système photovoltaïque avec stockage connecté au réseau, Thesis, Joseph Fourier University, 23 October 2009.

[ROB 04] ROBYNS B., BASTARD P., "Production décentralisée d'électricité: contexte et enjeux techniques", *Revue 3EI*, no. 39, pp. 5–13, December 2004.

[ROB 06] ROBYNS B., DAVIGNY A., SAUDEMONT C. *et al.*, "Impact de l'éolien sur le réseau de transport et la qualité de l'énergie", *Journal sur l'enseignement des sciences et technologies de l'information et des systèmes, J3eA*, vol. 5, no. 1, 2006.

[ROB 12] ROBYNS B., DAVIGNY A., BRUNO F. *et al.*, *Production d'énergie électrique à partir des sources renouvelables*, Hermès-Lavoisier, Paris, 2012.

[RTE 04] RTE, "Mémento de la sûreté du système électrique", 2004.

[RTE 14] RTE, Référentiel Technique de RTE, [Online], 2014, available at http://www.rte-france.com.

[RUE 12] RUESTER S., VASCONCELOS J., HE X. *et al.*, Electricity storage: how to facilitate its deployment and operation, European University Institute, Technical Report, 2012.

[RWE 09] RWE, Didcot Power Stations, [Online], 2009, available at http://www.npower.com.

[SAB 06] SABONNADIERE J.-C., *Nouvelle technologies de l'énergie 1: Les énergies renouvelables*, Hermès-Lavoisier, Paris, 2006.

[SAB 07a] SABONNADIERE J.-C., HADJSAID N., *Lignes et réseaux électriques 1: lignes d'énergie électrique*, Hermès-Lavoisier, Paris, 2007.

[SAB 07b] SABONNADIERE J.-C., HADJSAID N., *Lignes et réseaux électriques 2: méthodes d'analyse des réseaux électriques*, Hermès-Lavoisier, Paris, 2007.

[SAB 08a] SABONNADIERE J.-C., HADJSAID N., *Lignes et réseaux électriques 3: la libéralisation des marchés*, Hermès-Lavoisier, Paris, 2008.

[SAB 08b] SABONNADIERE J.-C., HADJSAID N., *Lignes et réseaux électriques 4: exercices et problèmes,* Hermès-Lavoisier, Paris, 2008.

[UCT 04] UCTE, Final report of the Investigation Committee on the 28 September 2003 blackout in Italy, April, [Online], 2004, available at https://www.entsoe.eu.

[UCT 07] UCTE, Final report on the disturbances of 4 November 2006, [Online], 2007, available at https://www.entsoe.eu.

[UK 14] UK POWER NETWORKS, "Demonstrating the benefits of short-term discharge energy storage on an 11kV distribution networks", version 1.1, June 2014.

[VER 09] VERGNOL A., SPROOTEN J., ROBYNS B. *et al.*, "Gestion des congestions dans un réseau intégrant de l'énergie éolienne", *Revue 3EI*, no. 59, pp. 63–72, 2009.

[VER 11a] VERGNOL A., SPROOTEN J., ROBYNS B. *et al.*, "Line overload alleviation through corrective control in presence of wind energy", *Electric Power Systems Research*, Elsevier, vol. 81, pp. 1583–1591, July 2011.

[VER 11b] VERGNOL A., ROBYNS B., "Localization of storage by identification of weakness of power systems", *MixGenera 2011*, Leganés, Madrid, Spain, November 2011.

第4章

模糊逻辑及其在混合风－柴油机系统动能储存管理中的应用

4.1 概述

本章4.2节将介绍模糊逻辑的基本概念，这些概念将用于管理孤岛网络中混合风－柴油发电机动能储存系统。

该存储系统由一个驱动飞轮的异步电机组成，它必须保证风能和负载消耗变化时总的输出功率的平衡。模糊逻辑管理程序的目标是平稳风车的输出功率，该功率在本质上是高度可变的［ROB 12b］。在性能方面，提出的模糊逻辑管理程序将与以过滤风车输出功率的低通滤波器为基础的简化管理程序进行比较。通过比较，说明考虑储能系统的荷电状态在能源管理中的重要性。

4.2 模糊逻辑介绍

模糊逻辑的目标是将语言规则转化为一种数学形式，也被称为模糊规则，它描述了操作员在控制过程中的观察和反应。从模糊逻辑推导的结果是完全确定的。模糊性概念被认为是和我们在实践中相互作用的大多数系统中存在的不确定性概念有关，这种不确定性可表示为隶属函数的数学形式。

4.2.1 模糊推理原理

汽车司机在接近交通灯时会根据不同的状况做出适当的反应，具体如下：

1）如果红灯亮，汽车离得很近，并且速度比较快，司机将紧急制动；

2）如果红灯亮，汽车离得还很远，并且速度比较慢，司机将保持原速；

3）如果黄灯亮，汽车离得还很远，并且速度为中速，司机将逐渐减速；

4）如果绿灯亮，汽车离得很近，并且速度比较慢，司机将加速驶过路口。

这个例子并不涵盖所有可能的情况，但它表明我们可以自然地通过模糊逻辑表达我们的行动和反应。在我们的感觉中，"快""近""紧急""慢""远""中"和"逐渐"这些是模糊的概念，在推理中并不能给出精确的数值。我们在日常生活中经常使用这些概念来描述情况或采取行动。然而，如果我们在采取动作的时候测量变量值，我们也能得到精确的数值。例如，上面给出的第一条规则可表示如下：

如果红灯亮，汽车速度快于 85.6km/h，汽车离指示灯至少 62.3m 的距离，此时，司机将用 33.2N 的力踩制动踏板。

你可能会说，我们的大脑在使用模糊逻辑时，可以理解为将输入变量近似化（低、高、远和近），那么，在输出变量时可否同样适用（缓慢或紧急制动），并建立一套规则用来确定输出变量作为输入变量的函数。需要注意的是，驾驶一辆汽车时，我们不需要知道这个汽车的复杂模型，而是要知道驾驶汽车的技能以及该汽车的相关信息。这是一个非常强大的方法，是人类本性的一部分，我们正在尝试将它公式化，从而可以复制它并用于复杂系统的管理。

4.2.2 模糊逻辑与布尔逻辑

模糊逻辑基于两个主要概念：

1）模糊集、变量及其关联算子；

2）决策以基本的"如果－则"规则为基础，我们称为模糊推理。

1965 年，伯克利大学的 Lofti Zadeh 教授对模糊集和关联算子进行了定义。

基于模糊集的经典理论，就图 4.1 来说，我们可以写为（设集合"U"为变量 x 的论域，集合 A 为 U 的子集）：

1）如果 μ_A 是集合 A 的一个隶属函数：

$$\forall x \in U \qquad \mu_A(x) = 0 \qquad \text{如果} \quad x \notin A$$
$$\mu_A(x) = 1 \qquad \text{如果} \quad x \in A$$

在模糊逻辑中，子集 A 中 x 的隶属度不是布尔逻辑中的二元运算，相反，这种归属可通过如下隶属度解释：

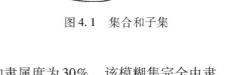

图 4.1 集合和子集

2）如果 μ_A 是集合 A 的一个隶属函数：

$$\forall x \in U \qquad \mu_A(x) \in [0;1]$$

如果 $\mu_A(x) = 0.30$，那么 x 属于模糊集 A 的隶属度为30%。该模糊集完全由隶属函数决定。

例如，图 4.2 说明了"一个人的身高"变量，子集有"矮小""中等"和"高大"。我们可以从图 4.2a 中推断出子集"矮小"的隶属度，一个人不到 1.6m 高视为 1；1.65m 高视为 0.5；超过 1.7m 高视为 0。1.6m 和 1.7m 之间就是一个模糊概念。通常，这三个子集可通过一个单一图形（见图 4.3）表示，称为"隶属函数"。

如果皮埃尔的身高是 1.625m，根据图 4.3，我们可推断出他在不同模糊子集下的隶属度：

1）皮埃尔矮小的隶属度是 75%；

2）皮埃尔中等的隶属度是 25%；

3）皮埃尔高大的隶属度是 0%。

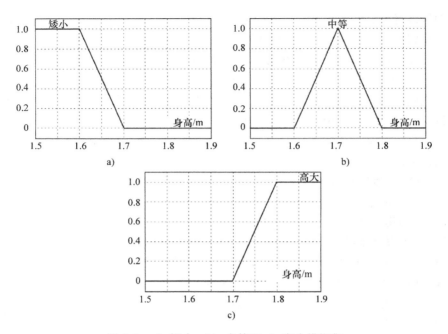

图 4.2　a）矮小、b）中等和 c）高大模糊集

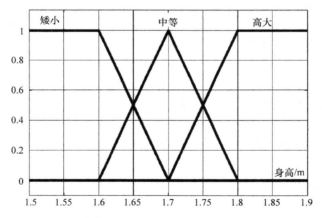

图 4.3　身高变量的隶属函数（该图的彩色版本
请参见 www. iste. co. uk/robyns/powergrids. zip）

　　在模糊逻辑中，一个人的"身高"变量被称为一个语言值，子集"矮小""中等"和"高大"被称为语言变量。身高在 1.5～1.9m 之间的变量称为论域。

　　在模糊逻辑中，我们发现特定的隶属函数。如果"中等"子集在图 4.2b 中不再用三角形而是用矩形表示，我们可得到图 4.4 所示的函数。由于该子集的隶属度只能是 0 或 1，因此，我们恢复到经典的布尔逻辑。

在4.2.1节给出的例子中，相应交通
灯的颜色变量由单元素集合组成。图4.5
显示了"红灯亮"所对应的单元素集合。
只有给定的指示灯亮时，该子集的隶属度
才为1，其他灯亮时则为0。

图4.4　布尔逻辑的隶属函数

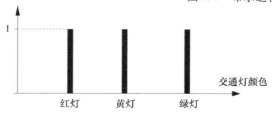

图4.5　单元素集合隶属函数

因此，经典的布尔逻辑构成了一个更普遍的、特定情况下的模糊逻辑。经典布
尔逻辑中所有的结果必须采用模糊逻辑呈现。

模糊逻辑中的算子与经典逻辑中的算子的定义方式相同：

1）"且"或者"交集运算"算子可以用两种方法来定义：

$$\text{MIN/MAX} : \mu_{A \cap B}(x) = \min(\mu_A(x), \mu_B(x)) \tag{4.1}$$

$$\text{PROD/SUM} : \mu_{A \cap B}(x) = \mu_A(x) \times \mu_B(x) \tag{4.2}$$

2）"或"或者"并集运算"算子也可以用两种方法来定义：

$$\text{MIN/MAX} : \mu_{A \cup B}(x) = \max(\mu_A(x), \mu_B(x)) \tag{4.3}$$

$$\text{PROD/SUM} : \mu_{A \cup B}(x) = (\mu_A(x) + \mu_B(x))/2 \tag{4.4}$$

3）最终，"非"或"求补运算"算子可用如下方法来定义：

$$\mu_{\bar{A}}(x) = 1 - \mu_A(x) \tag{4.5}$$

4.2.3　模糊管理程序的阶段

在模糊推理中有三个主要阶段：模糊化、推理及解模糊化［BUH 94，
BOR 98］。这些阶段如图4.6所示。通常，输入和输出变量归一化区间在 -1 和1
之间。

模糊逻辑系统处理模糊输入变量并提供输出变量的模糊结果。模糊化是将实际
变量值进行模糊量化的阶段。该阶段已在4.2.2节中进行了举例说明，并可用图
4.7概括。

输入和输出变量的模糊化是模糊逻辑实现过程中的一个微妙阶段，它往往以迭
代方式实现并需要经验。本书中所讨论的各种例子会给出具体的确定隶属函数方法
的信息，并给出在该方法中减少经验主义的解决方案。

对于一个实际变量值，其隶属度将是以下方面的函数：

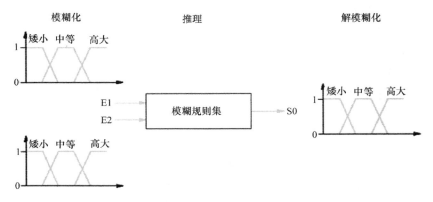

图 4.6　模糊推理的阶段

图 4.7　模糊化阶段示例

1）为隶属函数选择的形式；

2）这些隶属函数的特定参数，例如：高度、上底和下底。

图 4.8 给出了模糊集 A 在论域 X 中的特征：

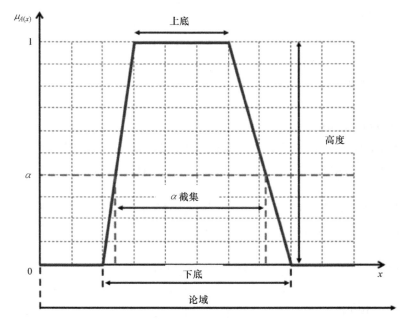

图 4.8　模糊集的特征值

1）高度是模糊集中隶属度最高的，只有和高度一起，论域中的其他元素才属于模糊集。如果把模糊集归一化，高度的值将为1。

2）上底由所有论域元素构成，这些元素在模糊集中的隶属度是绝对值 $\{x \in X$，则 $\mu_A(x) =$ 高度 $\}$。

3）下底由所有论域元素构成，这些元素的隶属函数不等于0：$\{x \in X$，则 $\mu_A(x) > 0\}$。

4）α 截集由一个模糊集中的所有论域元素构成，其隶属度至少等于 α：$\{x \in X$，则 $\mu_A(x) \geq \alpha\}$。

理论上，隶属函数可以采取任何形式（高斯、S形、梯形和三角形等）。然而，由于三角形和梯形（分段线性）易于编程且可简化专门知识的收集，所以是最常用的。

本书所讨论的隶属函数确定了模糊分区概念：对于论域中的每一个值，所有模糊集合的隶属度之和等于高度（或1，在归一化的情况下）。

输入变量通过以下规则和输出变量产生联系：如果（X 是 A），那么（Y 是 B）。在模糊逻辑中，这个阶段被称为推理。该规则的示例已在4.2.1节中进行了讨论。当这些规则中含有多个条件（或假定）时，用"且"算子（或合取）连接，有时也用"或"算子连接［ROB 12a］，结论则通过"那么"算子（蕴涵）引入。当有多个规则时，它们通过"或"算子彼此连接。4.2.1节中的示例规则用模糊逻辑表示如下：

1）如果红灯亮且汽车速度快且交通灯离得比较近，那么汽车紧急制动。

或者是

2）如果红灯亮且汽车速度比较慢且交通灯离得比较远，那么汽车保持原速。

或者是

3）如果黄灯亮且汽车速度为中速且交通灯离得比较远，那么汽车缓慢减速。

或者是

4）如果绿灯亮且汽车速度比较慢且交通灯离得比较近，那么汽车加速驶过。

或者是……

输入变量情况越真实，越应重视输出变量的行动建议。这些规则的确定一般是基于设计者的专业知识和经验。下一章将介绍一种方法，这种方法有助于这些规律的确定，以得到最相关的规律。模糊算法的运算过程较为复杂；因此，为了限制模糊算法的复杂性，正确选择输入变量、模糊子集（或语言值）和模糊规则的数量非常重要。本书整篇都在讨论这个问题。

通过推理，有必要为输出变量确定一个可以应用到过程中的确定值。这就是解模糊化阶段。解模糊化有几种方法，最广泛使用的是确定结果隶属函数的重心［BUH 94］，重心由式（4.6）中的关系决定。分母表示从推理阶段产生的平面，而分子则表示这个表面产生的时刻。图4.9说明了一个简单示例的重心。

$$Output = \frac{\int_U y\mu(y)\,dy}{\int_U \mu(y)\,dy} \quad (4.6)$$

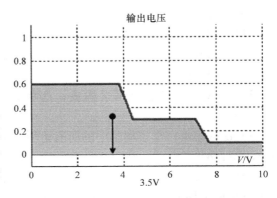

图 4.9　通过重心表示解模糊化阶段的示例

4.2.4　模糊推理示例

在 4.2.1 节的示例中，必须定义两个模糊输入：车辆的速度和离交通灯的距离。交通灯的颜色不是一个模糊输入。速度的隶属函数可进行选择，如图 4.10 所示。

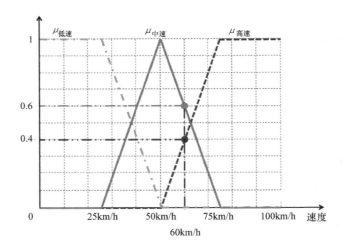

图 4.10　三个模糊集"低速""中速"和"高速"中速度的隶属函数示例

如果运动速度等于 60km/h，在模糊集中，这个速度值的隶属度如下：

1）"低速"集中的隶属度为 0；

2）"中速"集中的隶属度为 0.6；

3）"高速"集中的隶属度为 0.4。

到交通灯距离的隶属函数可进行选择，如图 4.11 所示。

关于制动强度的输出变量也是一个模糊变量。制动变量的隶属函数可进行选择，如图 4.12 所示。

为了说明推理阶段，我们考虑表 4.1 中交通灯是红色时的两个适用规则，"速度"值为 60km/h，"距离"值为 38m。

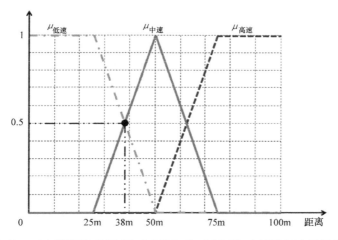

图 4.11　三个模糊集 "低速" "中速" 和 "高速" 中距离的隶属函数示例

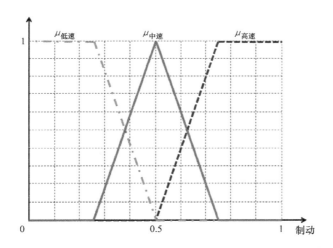

图 4.12　三个模糊集 "低速" "中速" 和 "高速" 中制动输出变量的隶属函数示例

表 4.1　当交通灯是红色时适用的模糊规则示例

…	…	…	…	…	…	…	…	…	…
R_1	如果	距离	短	且	速度	高速	那么	制动	高度
R_2	如果	距离	短	且	速度	中速	那么	制动	中度
…	…	…	…	…	…	…	…	…	…

推理机制决定了每一个规则和蕴涵的活化程度。应用最小/最大值的方法来创建 "且" 和 "或" 算子，图 4.13 表明，对于 R_1 和 R_2 来说，这些活化程度的值分别为 0.4 和 0.5。

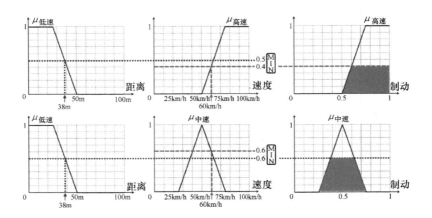

图 4.13　推理机制图示。规则 R_1（上图）和 R_2（下图）的活化程度和结论

该推理阶段的最后阶段使用最大算子（见图 4.14）。"制动"输出变量的模糊集通过汇总先前的结果得到。

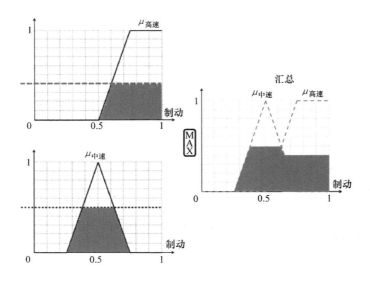

图 4.14　通过汇总规则得到的"制动"输出变量的模糊集

解模糊化是将在推理阶段获得的模糊集转换成实际值（算子信息、指令等）。图 4.15 所示为重心法。

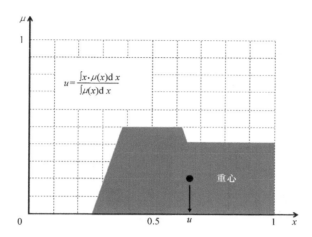

图 4.15 通过汇总规则得到的"制动"输出变量的模糊集

4.3 孤立网络中风动能储能与柴油发电机的组合

4.3.1 概述

本节中研究的系统是利用孤立网络中（如孤岛）的风电机组和一台柴油发电机，将动能存储和发电机相结合，通过将低通滤波器的简化解决方案与提出的管理解决方案进行比较，说明模糊逻辑对储能管理的贡献。

在孤立网络中，电能通常是由发电机发出。然而，许多孤立网络中具备可开发的潜在风能，由于其使用的主要资源（风）没有成本，运行更加经济，所以，将一些风电机组和发电机相结合是非常有益的。然而，由于风速波动引起的功率变化会引起电荷功率的变化，从而导致柴油热机的寿命缩短。为了减少燃料消耗和柴油发电机的功率变化，可利用储能系统来吸收这些变化。一种基于飞轮的高动态短期储能解决方案应运而生 ［LEC 03，CIM 06，ROB 12a，CIM 10］。

图 4.16 显示了本章所述能源系统的整体运行模式，它由以下几部分组成：一台拥有 300kW 恒定速度的风电机组（可由几个规模较小的风电机组组成，例如，6 台 50kW 的风电机组）［ROB 12b］；一台 600kVA 的柴油发电机；一组充电负荷，为了简化研究，采用恒定充电负荷；一个惯性储能系统。惯性储能系统包括带有一对电极的 90kW 异步电动机和一个 $105kg \cdot m^2$ 的飞轮，电动机通过双脉冲波调制（PWM）变换器连接到电网。由于存储的能量取决于飞轮速度的二次方（用关系式 $E = J\omega^2/2$ 表示），因此，该速度保持在 $3000 \sim 6000 r/min$ 之间。

为了控制电网和飞轮储能系统之间的功率交换，建议采用一种模糊逻辑管理程序，旨在减少柴油发电机的功率变化。

4.3.2 能量管理策略

为了减少柴油发电机的功率变化，飞轮储能系统必须能够补偿风电机组产生的

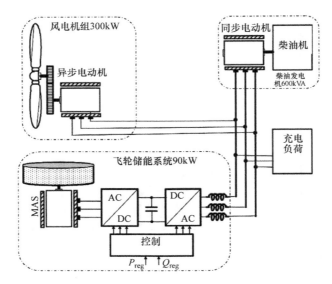

图 4.16 包括飞轮储能系统的风 – 柴油系统的运行模式

功率变化。如果 P_{reg} 代表我们希望从风能储存系统组合获得的功率（见图 4.17），P_{wg} 代表由风电机组产生的功率，那么飞轮储能系统需与电网交换的参考功率可通过下式获得：

$$P_{ref} = P_{reg} - P_{wg} \qquad (4.7)$$

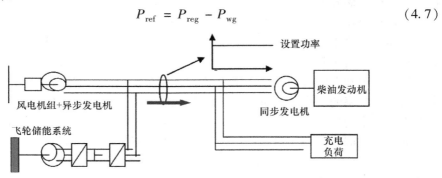

图 4.17 能量管理的目的：确定风电机组与飞轮储能系统相结合所提供的设置功率

但有一个问题：由于储能容量有限，我们不能无限存储或恢复能量，因此，我们必须考虑容量的限制性。对飞轮储能系统来说，飞轮的速度决定了储能水平状态 [荷电状态（SoC）]。我们必须坚持以下推理过程：

1) "如果飞轮的速度太低，那么优先考虑储存能量"；

2) "如果飞轮的速度太高，那么优先考虑发电"；

3) "如果飞轮的速度中等，那么正常运行"。

这就是模糊逻辑推理。

为了确定 P_{reg}，我们需要对风电机组产生的功率 P_{wg} 进行滤波测量。然而，由于飞轮的速度限制在 $3000 \sim 6000 r/min$ 之间，因此，在确定 P_{reg} 时必须考虑飞轮的速度，以避免储能系统饱和。因而，需要开发一个模糊逻辑管理程序来确定 P_{reg}。

4.3.3　模糊逻辑管理程序

图 4.18 显示了用于确定 P_{reg} 的模糊逻辑管理程序输入。

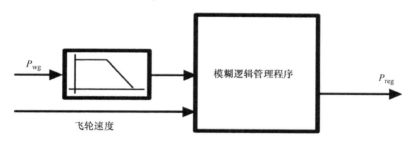

图 4.18　模糊逻辑管理程序

4.3.3.1　模糊化

图 4.19 所示为输入变量的隶属函数。三个模糊状态为小（S）、中（M）和大（B）。

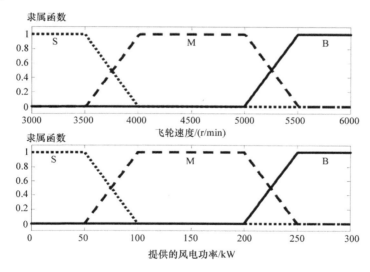

图 4.19　输入变量的隶属函数

4.3.3.2　推理

为了尽可能获得恒定的总发电量，可将专家对储能系统的运行评估通过公式表达出来，该公式需使用之前模糊规则中定义的论域。例如，如果风电机组产生的功率（P_{wg}）高，并且飞轮的速度低，那么存储功率必须非常高。因此，完整的实验产生了9个模糊规则，如表4.2所示。为了更好地确定调整功率，输出变量将考虑7个模糊状态：非常小（VS）、小（S）、中小（SM）、中（M）、大中（BM）、大（B）和非常大（VB）。

表4.2　推理表

		过滤的 P_{wg}		
	P_{reg}	小（S）	中（M）	大（B）
飞轮速度	小（S）	非常小（VS）	中小（SM）	大中（BM）
	中（M）	小（S）	中（M）	大（B）
	大（B）	中小（SM）	大中（BM）	非常大（VB）

输出变量的隶属函数如图4.20所示。由于该变量必须足够精确才能确定，所以选择了7个模糊集。

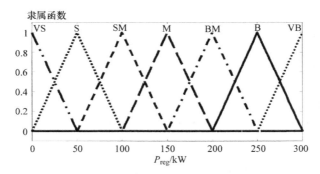

图4.20　输出变量的隶属函数

4.3.3.3　解模糊化

图4.21表示输出变量和调节功率的演化，这取决于过滤的风电功率和飞轮转速的输入变量；这些变量都根据它们能采用的最大值进行了每单位的归一化。这种演化是非线性的。需要注意的是，对于每一对输入变量，都有一个单一的、对应的输出变量值；因此，模糊逻辑是确定性的。

推理通过 PROD/SUM 方法完成，解模糊化通过重心法完成。

4.3.4　使用模糊管理程序的模拟结果［ROB 12a］

为了模拟风电机组，我们对安装在法国北部的一个风车进行了测量，该风车的恒定功率为300kW。图4.22显示了中等风速（约10m/s）波形，随后是低风速（约6.3m/s）波形。在研究中，负荷所消耗的有功功率为300kW，无功功率为120kvar，与异步发电机耦合的飞轮的初始转速为3500r/min。

图4.23所示为柴油发电机在有飞轮储能系统和无飞轮储能系统的情况下产生的有功功率，分别用实线和虚线表示。该图证明，建议的储能系统能够极大地减少

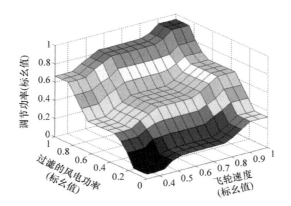

图 4.21　输出变量与输入变量的演化（该图的彩色版本请参见
www. iste. co. uk/robyns/powergrids. zip）

柴油发电机的功率变化。在风速突然发生变化时，功率会发生极大的变化。

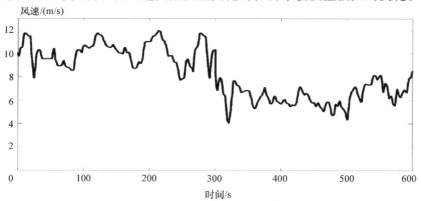

图 4.22　模拟中的风速

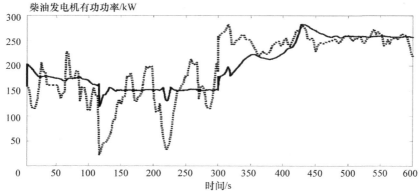

图 4.23　柴油发电机在有惯性储能系统下产生的有功功率（实线）和
无惯性储能系统下产生的有功功率（虚线）

图 4.24 表示，当考虑的系统无法维持所需功率 P_{reg}（虚线）时，会出现这些变化，其中，由风电机组储能系统配对所产生的功率用实线表示。这是由于与飞轮耦合的异步电动机的功率被限制在 90kW 所致。

飞轮的旋转速度如图 4.25 所示。由于在确定参考功率时已经考虑了飞轮的旋转速度（见表 4.2），所以没有出现饱和速度。

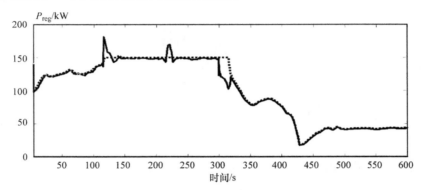

图 4.24　飞轮储能系统 – 风电机组结合发出的功率（虚线代表所需功率值 P_{reg}，
实线代表实际功率值）

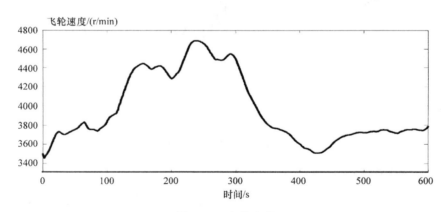

图 4.25　飞轮速度

4.3.5　简单滤波的模拟结果

由于惯性储能系统管理的目的是使发出的风电功率平稳，因此，我们可以将图 4.18 的管理程序简化为一个简单的低通滤波器，管理程序如图 4.26 所示。本节中模拟的滤波器采用和上节中相同

图 4.26　通过低通滤波器执行的管理程序

的时间常数（即 30s）、相同的风速（见图 4.22）以及相同的储能水平初始速度

（飞轮速度为3500r/min）。

图4.27所示为柴油发电机在有惯性储能系统和无惯性储能系统的情况下产生的有功功率，分别用实线和虚线表示。与图4.23相比，有储能系统时产生的功率不太平稳，同时功率恒定的区域要少很多。存在显著的功率变化。

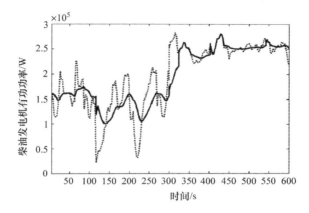

图4.27 柴油发电机在有飞轮储能系统下产生的有功功率（实线）和无飞轮储能系统下产生的有功功率（虚线）（通过滤波进行管理）

图4.28显示了风速较低时，所需功率 P_{reg}（如虚线所示）和风电机组储能系统所产生的功率（如实线所示）之间的差异。与图4.24所示的结果不同，所需设置功率的变化较慢，与飞轮耦合的异步电动机的极限功率能够满足要求。

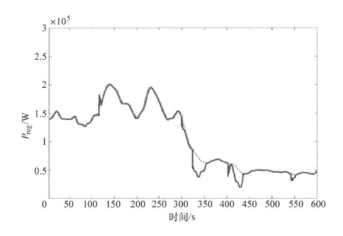

图4.28 由飞轮储能系统－风电机组结合产生的功率。虚线代表所需功率值 P_{reg}，实线代表实际功率值（通过滤波进行管理）

飞轮的旋转速度如图4.29所示。当风速较低时，飞轮旋转速度在其值较低时达到饱和。储能系统实际上已经达到了其最低可接受的能量水平。为了防止这种饱和，有必要增加储能系统的容量，或者考虑上一节中提到的储能系统的存储水平，从而让不饱和存储水平发生变化，如图4.25所示。

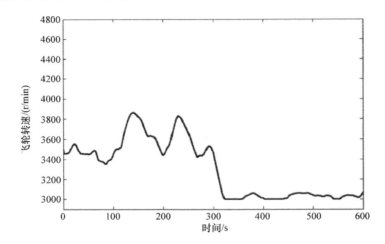

图4.29　飞轮速度（通过滤波进行管理）

异步电动机与飞轮耦合的参数包括：

1）额定功率：90kW；

2）电极数：2个；

3）定子电阻：15.8mΩ；

4）转子电阻：14.5 mΩ；

5）互感：18.9mH；

6）定子电感：19.2mH。

4.4　结论

模糊逻辑已用于建立多目标管理策略，有两个主要目标：在管理储能的同时使风电功率平稳，以避免饱和并确保其吸收或发出的能量的最大有效性。这种方法能够通过减小系统的大小，从而合理利用存储容量。

开发的管理程序是非线性的，但能够确保系统状态之间的平稳转换。该程序是确定的，并且并不复杂。模糊规则的数目取决于输入变量的数目和为每个输入变量选择的模糊集的数目；在4.3.3节的示例中，该数目是3×3，即9个规则。

第5章将介绍一种系统的方法来设计一个模糊管理程序，同时限制了该方法的经验主义，并降低了所得算法的复杂性。

本章中为管理飞轮储能系统而制定的模糊推理也可用于其他储能技术中。

4.5　参考文献

[BOR 98] BORNE P., RORINOER J., DIEULOT J-Y. *et al.*, *Introduction à la commande floue*, Technip, 1998.

[BOU 98] BOUCHON-MEUNIER B., FOULLOY L., RAMDANI M., *Logique floue. Exercices corrigés et exemples d'applications*, Capaduès, 1998.

[BUH 94] BUHLER H., *Réglage par logique floue,* Presses Polytechniques et Universitaires Romandes, 1994.

[CIM 06] CIMUCA G., SAUDEMONT C., ROBYNS B. *et al.*, "Control and performance evaluation of a flywheel energy storage system associated to a variable speed wind generator", *IEEE Transactions on Industrial Electronics*, vol. 53, no. 4, pp. 1074–1085, August 2006.

[CIM 10] CIMUCA G., BREBAN S., RADULESCU M. *et al.*, "Design and control strategies of an induction machine-based flywheel energy-storage system associated to a variable-speed wind generator", *IEEE Transactions on Energy Conversion*, vol. 25, no. 2, pp. 526–534, June 2010.

[LEC 03] LECLERCQ L., ROBYNS B., GRAVE J.M., "Control based on fuzzy logic of a flywheel energy storage system associated with wind and diesel generators", *Mathematics and Computers in Simulation*, Elsevier, vol. 63, pp. 271–280, 2003.

[ROB 12a] ROBYNS B., BRUNO F., DEGOBERT P. *et al.*, *Vector Control of Induction Machines. Desensitisation and Optimisation Through Fuzzy Logic*, Springer Verlag, 2012.

[ROB 12b] ROBYNS B., DAVIGNY A., BRUNO F., *et al. Electric Power Generation from Renewable Sources*, ISTE, London and John Wiley & Sons, New York, 2012.

第 5 章
配有储能系统的风力发电管理程序构建方法

5.1 概述

在电网中，分布式发电不断增加，部分原因是这些能源的技术发展。新的发电技术必须能够参与第 3 章中所述的辅助服务：调整电压、频率和无功功率，能够独立起动并以独立模式运行等［ROB 12］。

由于风能的变化频繁和随机特性以及相关电力生产的预测误差，如果进行适当的管理，仅运行风电机组只能参与部分辅助服务［MOK 09a，MOK 09b］。因此，风电机组需与储能相结合，并采用适当的管理程序［DAV 06］。惯性储能的特点在动力学、寿命和效率等方面都很适合该应用。

本章将把变速风力发电机与惯性储能系统相结合，从而形成一个整体，既能够提供辅助服务，也可以在独立模式下运行［CIM 05，DAV 06］。

我们将展示经典的解决方案，这些方案能够让提出的发电系统达到预定的目标，然后，我们将检验包含这些工具能量管理策略和模糊逻辑。在开发多目标能量管理程序时，我们将采用第 1 章中介绍的方法的 7 个阶段。

我们将采用一个实验应用程序，对这种管理程序的实时植入进行讨论，同时，我们会通过实验测试，比较不同类型的管理程序，并且验证前面提出的理论方法。

5.2 能量系统的研究

图 5.1 所示为基于永磁同步发电机（PMSG）的变速风电机组的运行原理图。飞轮储能系统（FESS）由飞轮和可变速笼型异步发电机构成，耦合在直流母线上［LEC 03，CAR 01］。

多种设备的互连（风力发电机、结合飞轮并且与电网连接的发电机）通过 AC - DC 电子功率变换器实现。这种互连是完全可控的，并且可连接到一条单独的直流母线上。这个系统能够连接到电网中运行［CIM 05］，也能单独运行［DAV 06］。

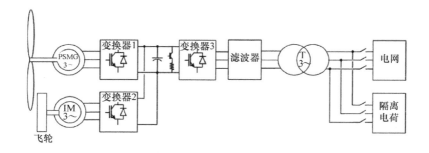

图 5.1   结合惯性储能系统的变速风电机组

5.3   管理程序开发方法

使用一种图解法来设计管理程序。这种方法不需要数学模型，因为它是基于模糊规则代表的系统的专业知识。能够随机输入并且同时实现多个目标。因为运行模式由模糊变量决定，所以它们之间的转变是渐进性的。最后，该方法通过向一种荷电状态汇集实现储能管理，同时通过实时处理进行复杂性控制。本例中采用的管理程序的设计方法论包括 7 个步骤：

1）确定系统规范；必须明确规定系统的特征、目标及其限制和实施动作。

2）管理程序的结构：确定必要的输入和输出。

3）确定"功能图"，基于系统知识，提出运行模式的图表形式。

4）确定模糊管理程序的隶属函数。

5）确定运行图；提出模糊运行模式的图形表达方式。

6）从运行图中提取模糊管理程序的模糊规则和特征。

7）定义用于评估目标实现情况的指标。

实验阶段用于验证开发的管理程序，并对管理程序中采用的参数值进行优化。

在本研究中，假设储能维度是预先确定的（使用施工人员目录中的工业系统）。

5.4   规范

对于图 5.1 中所示的能源系统，我们必须确定目标、限制和实施动作。

5.4.1   目标

我们将考虑并入电网的风力发电系统。

第一个目标是向电网输出平稳的功率，假设电网能够接收风电机组输出的功率。

第二个目标是确保储能的可用性；保证储能系统不会达到其最高和最低限值（对于后一种情况，我们假设是最小风速）。因此，我们一直在管理储能系统中的

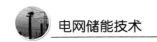

能量水平，使其不达到最高或最低限值。这样可以防止储能系统的饱和。

最后，我们必须考虑维持直流母线电压的问题。

通过并网变换器（图5.1所示的变换器3）接入电网的风电机组可以维持直流母线的电压稳定。但是，如果我们希望该风电机组参与辅助服务，那么变换器就不能维持直流母线的电压稳定。此时，可以利用飞轮储能系统来维持直流母线的电压稳定。

5.4.2　限制

假设电网能够接收注入的功率；因此，在这方面就没有限制。另一方面，功率平稳取决于储能容量。

接下来，为了确保系统的正确运行，特别是电子功率变换器的正确运行，在长期运行中，直流母线的电压必须维持在固定值。

最后，惯性储能系统有最高和最低能量限值。储存在飞轮中的动能 E_c 产生了旋转速度 Ω，惯量为 J，公式书写如下：

$$E_c = \frac{1}{2} \cdot J \cdot \Omega^2 \tag{5.1}$$

上限值由原动机决定，所以该速度限值会比飞轮允许的最大机械速度慢。

下限值理论上应能维持异步发电机在恒定功率范围内运行，因此能够维持足够的效率。

如果分别使用 Ω_{max} 和 Ω_{min} 来表示飞轮的最大和最小驱动速度，那么储存在储能系统中的能量变化 ΔE 如下所示：

$$\Delta E = \frac{1}{2} \cdot J \cdot \Omega_{max}^2 \cdot \left(1 - \frac{\Omega_{min}}{\Omega_{max}}\right) \tag{5.2}$$

为了增加储能装置和系统其余部分的能量交换量，可以减小 Ω_{min} 值。

5.4.3　实施动作

在我们的案例研究中，通过控制永磁同步发电机发出最大功率；因此，我们不会尝试减小风电机组发出的功率。同样，也不打算在正常运行模式中调整叶片角度［ROB 12］。

因此，我们确定了两种实施动作：注入电网的基准功率 P_{reg} 和储能系统指定的基准功率 P_{FESS_ref}。

表5.1总结了所研究系统的规范。

表5.1　管理程序规范总结

目标	限制	实施动作
使注入电网的功率平稳	有限的储能容量	注入电网的基准功率：P_{reg}
储能的可用性	储能上下限值	储能系统指定的基准功率：P_{FESS_ref}
维持直流母线的电压稳定	直流电压设定值	

5.5　管理程序结构

在这一部分，我们将确定管理程序的输入和输出值。

5.5.1　输入值

管理程序的输入取决于设定的目标。每个目标至少对应一个输入。

第一个目标是使风电机组发出的功率平稳，使之可以注入电网，因此，第一个输入的是风电功率 P_{wg}。

第二个目标是使储能容量维持在最高和最低限值之间。管理程序必须能够知道储存在飞轮中的能量。根据式（5.1），必须对转速 Ω 进行测量。

最后，直流母线电压必须维持恒定；测量的电压 V_{dc} 也是管理程序的一个输入值。

5.5.2　输出值

输出值是发送到实施动作的参考，分别表示为 P_{reg} 和 P_{FESS_ref}。

管理程序的结构如图 5.2 所示。

在管理程序的开发中，确定将使用的各种工具非常有用。

图 5.2　结合飞轮储能系统的变速风电机组的管理程序

5.5.3　管理程序开发工具

使输入电网的功率平稳需要有滤波器，因此需要传统的频率处理，正如参考文献［JAA 09］中提出的。原理是把功率 P_{reg} 输入电网，这个功率与来自风电功率的低频部分 P_{wg_LF} 相对应：

$$P_{reg} = P_{wg\_LF} \tag{5.3}$$

风电功率的高频部分 P_{wg_HF} 由储能来消纳，通过储存或者发出能量来补偿这部分功率。

最后，由于电压 V_{dc} 必须控制在固定的设定值，所以采用了一个简单且经典的比例积分（PI）校正器。

电压稳定任务分配给了储能系统，维持稳定所需的功率 ΔP 构成了储能系统基准功率的一部分。

因此，这个基准功率可以写成如下的形式：

$$P_{FESS\_ref} = P_{wg\_HF} + \Delta P \tag{5.4}$$

在本开发阶段，管理程序如图 5.3 所示。它使用基本工具（一阶低通滤波器和比例积分校正器），并且能够保证输入电网的功率达到平稳，并维持直流母线电压稳定。

然而，在这种状态下，不能确保储能的可用性。这种情况与图 4.29 说明的情况相对应，在图 4.29 中，我们能够看到飞轮转速在低值下达到饱和状态。

为了实现这个最终目标，管理程序必须考虑测量飞轮的转速 Ω，并且该转速要有

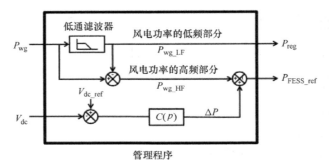

图 5.3   管理程序实现两个目标：使输入到电网的功率平稳并且维持直流母线电压稳定

利于确定输入电网的功率。由于管理程序（见图 5.4）模糊部分的两个输入变量 Ω 和 P_{wg_LF} 高度可变，因此，这里用到了模糊逻辑，管理程序亦称为模糊管理程序。

图 5.4   管理程序实现三个目标：使输入到电网的功率平稳；维持直流母线电压稳定；
保证储能的可用性

储能基准功率 P_{FESS_ref} 如关系式（5.5）所示，而输入电网的基准功率由模糊管理程序决定。

$$P_{FESS\_ref} = P_{wg} + \Delta P - P_{reg} \tag{5.5}$$

表 5.2 总结了管理程序的规范及开发管理程序时所使用的工具。

表 5.2   管理程序规范总结（包括工具）

目标	限制	实施动作	工具
使输入到电网的功率平稳	有限的储能容量	注入电网的基准功率：	低通滤波器
保证储能的可用性	储能的上下限值	P_{reg}	模糊逻辑
维持直流母线电压稳定	直流电压设定值	储能基准功率：P_{FESS_ref}	比例积分校正器

图 5.4 中所示的必须准确定义的管理程序元素包括比例积分校正器的参数、低通滤波器的频率和模糊管理程序。

应用到直流母线电压测量的比例积分校正器参数通过使用自动控制原理中的经典方法决定。图 5.5 显示了这种结构，上面部分代表被控制系统（一阶环节，K_{sys} 和 τ_{sys} 分别为系统的增益和时间常数），下面部分代表比例积分校正器。

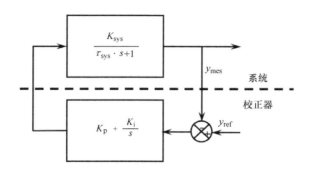

图 5.5　比例积分校正器

在本研究中，受控系统通过等效电容 C 和漏电阻 R_c，以及控制变量直流母线电压 V_{dc} 建模（见图 5.6）。系统的传递函数如下：

$$\frac{V_{dc}}{I} = \frac{R_c}{C \cdot R_c \cdot s + 1} \qquad (5.6)$$

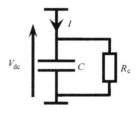

图 5.6　受控系统

滤波器的时间常数 τ 通常由储能容量函数决定 [CIM 05，JAA 09]。在本例中，我们使用关系式 (5.7)，其中，J 为飞轮惯量，P_n 为能够发送到储能系统或储能系统能够发出的额定功率，而 Ω_{max} 和 Ω_{min} 分别为飞轮的最大和最小转速。

$$\tau = \frac{J \cdot (\Omega_{max}^2 - \Omega_{min}^2)}{2 \cdot P_n} \qquad (5.7)$$

本章其余部分将致力于模糊管理程序的开发。为了建立功能图，首先要解决的问题是确定系统的各种运行状态。

5.6　各种运行状态的确定：功能图

模糊管理程序有两个输入（飞轮转速、储能系统荷电状态和风电功率的低频部分）和一个输出（输入电网的基准功率），如图 5.7 所示。请注意，模糊管理程序的结构和第 4 章开发的管理程序的结构相同（见图 4.18）。

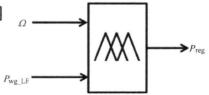

图 5.7　模糊管理程序的输入和输出

在这点上，根据储能系统的荷电状态和提供的风电功率，我们必须确定输送到电网的功率（发电系统输出）。

模糊管理程序策略可以通过图表定义；通过图表定义有如下优势：

1）对想要实现的目标和子目标、约束条件和允许的实施动作进行精确描述。

2）直观建立适用于各种运行模式的模糊规则，从而限制管理程序的复杂程度。

3）便于和其他学科领域（如经济领域）的交流，经济性在能源选择方面起着重要作用。

4）各种运行模式之间的转换由系统某些部分的状态决定。这些状态可以通过模糊变量（即管理程序的输入）进行描述，因此，能够保证多种运行模式之间的平稳转换，并使系统能够同时在多种模式下运行。

5）由于模糊逻辑结合了布尔逻辑，所以它能用于回顾一些经典方法，如 Petri 或 Grafcet 网。

5.6.1 N1 功能图

第一个管理程序 N1 旨在将风电功率输送到电网。运行状态如图 5.8 所示。圆角矩形代表工作模式，这些模式之间的转换代表系统状态：

1）如果储能系统荷电状态显示为"小"，必须尝试去恢复储能系统状态，因为它的任务是维持电压 V_{dc} 稳定；

2）如果储能系统荷电状态显示为"大"，必须尝试使其维持在一个限值，以实现持续的平稳功率。

3）如果储能系统荷电状态显示为"中等"，不需要采取任何特殊操作。

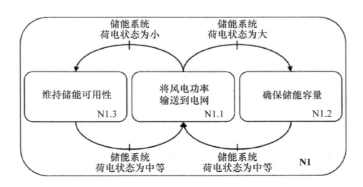

图 5.8 N1 功能图

5.6.2 N1.1 功能子图

N1.1（见图 5.9）对应于储能系统荷电状态显示为"中等"时的系统运行情况。

关于储能系统，没有特殊的充电和放电建议。

因此，输送到电网的功率就会和发电机提供的风电功率相等。

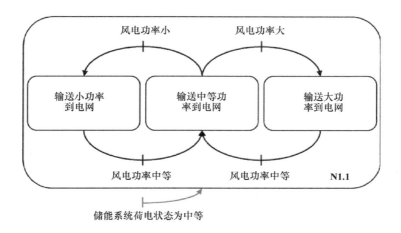

图 5.9　N1.1 功能图

5.6.3　N1.2 功能子图

N1.2（见图 5.10）对应于储能系统荷电状态显示为"大"时的系统运行情况。

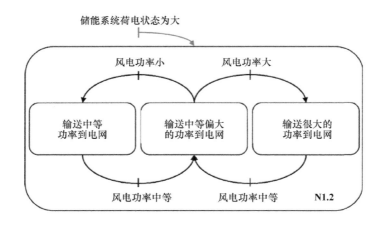

图 5.10　N1.2 功能子图

这意味着，为了利用储能，输送到电网的功率往往比风电功率更大，这有助于保证储能的可用性：

1）如果风电功率显示为"小"，此时要求系统输送稍微大一点的功率（中等偏小）给电网；

2）如果风电功率显示为"大"，此时要求系统输送很大的功率给电网，以避免储能系统的"高度"饱和；

3）如果风电功率显示为"中等"，此时要求系统输送稍微大一点的功率（中等偏大）给电网。

5.6.4 N1.3 功能子图

N1.3（见图 5.11）对应于储能系统荷电状态显示为"小"时的系统运行情况。

这种情况下输送到电网的功率往往比风电功率小，以将部分功率用于为储能系统充电：

1）如果风电功率显示为"小"，输送到电网的功率值为"非常小"；

2）如果风电功率显示为"大"，输送到电网的功率值为"中等偏大"；

3）如果风电功率显示为"中等"，输送到电网的功率值为"中等偏小"。

由于已经根据储能装置的荷电状态和风电功率情况确定了发电系统的具体行为，我们现在开始推导模糊管理程序的输入与输出变量之间的隶属函数。

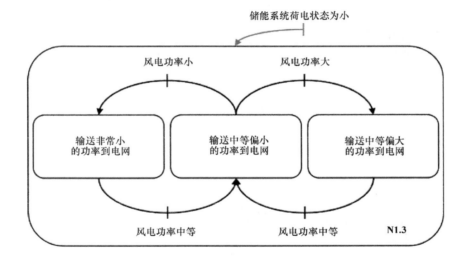

图 5.11 N1.3 功能子图

5.7 隶属函数

关于图 5.7，这部分要处理的变量是两个输入变量 P_{wg_LF} 和 Ω，以及输出变量 P_{reg}。

输入变量进行归一化［见式（5.8）］，在图上以标幺值（p. u.）显示：

$$\Omega(\mathrm{p.\,u.}) = \frac{\Omega}{\Omega_{\max}}$$

$$P_{\text{wg\_LF}}(\text{p. u.}) = \frac{P_{\text{wg\_LF}}}{P_{\text{wg\_LF}_{\max}}} \tag{5.8}$$

最好通过一组 3 个信息表示对应变量各自的语言变量，包括语言变量的名称、论域和模糊变量可能的特性集：

｛语言变量的名称，论域，特性集｝

用于描述变量的术语称为语言标签。

在这种情况下，最小的飞轮转速是 800r/min，最大的转速是 3000r/min；根据关系式（5.2），允许最大的交换能量可以在储能和大约 $0.93E_{\max}$ 的系统剩余能量之间变化。

在变量 Ω 的标幺值下，论域在 8/30 和 1 之间（见图 5.12）。

变量定义如下：

1）对于输入变量：

$$\left\{\Omega, \left[\frac{8}{30}, 1\right], ''\text{SMALL}'', ''\text{MEDIUM}'', ''\text{BIG}''\right\}, （图 5.12）$$

$$\{P_{\text{wg\_LF}}, [0, 1], ''\text{SMALL}'', ''\text{MEDIUM}'', ''\text{BIG}''\}, （图 5.13）$$

2）对于模糊管理程序的输出变量：

$$\{P_{\text{reg}}, [0, 1], ''\text{VERY SMALL}'', ''\text{SMALL}'', ''\text{MEDIUM SMALL}'',$$
$$''\text{MEDIUM}'', ''\text{MEDIUM BIG}'', ''\text{BIG}'', ''\text{VERY BIG}''\}, （图 5.14）$$

为了明确图形目的，使用如表 5.3 所示的首字母表示上述变量语言标签。

表 5.3　语言标签和简化

语言标签	VERY SMALL（非常小）	SMALL（小）	MEDIUM SMALL（中等偏小）	MEDIUM（中等）	MEDIUM BIG（中等偏大）	BIG（大）	VERY BIG（很大）
简化的语言标签	VS	S	MS	M	MB	B	VB

为每个输入变量选择 3 个模糊集合。正如在参考文献［BOR 98，BUH 94］中所重述的，数量的选择没有固定的规则。通常会发现 3 个、5 个或 7 个模糊集合；所以，在变量描述精度（引出许多模糊集合）和增加的模糊规则之间必须做出一个折中。

试验中，为飞轮驱动转速选择了 3 个隶属函数，以便在论域关系中呈现梯形和对称。

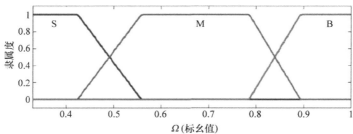

图 5.12　飞轮转速 Ω 的隶属函数（该图的彩色版本请参见 www. iste. co. uk/robyns/powergrids. zip）

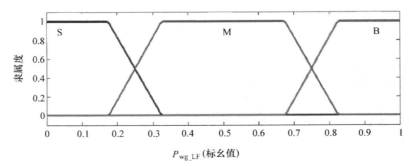

图 5.13 滤波风电功率 P_{wg_LF} 的隶属函数（该图的彩色版本
请参见 www. iste. co. uk/robyns/powergrids. zip）

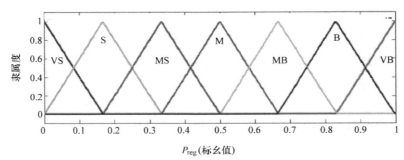

图 5.14 输入电网的功率 P_{reg} 的隶属函数（该图的彩色版本
请参见 www. iste. co. uk/robyns/powergrids. zip）

由于滤波风电功率能够在 0 到额定功率之间变化，所以变量 P_{wg_LF} 的论域在 0 到 1 之间变化。表现的隶属函数通过实验选定。

变量 Ω 和 P_{wg_LF} 的模糊性基于 3 个隶属函数的使用情况，在模糊规则数目的精度和限度之间折中，由每个输入变量模糊集数目的乘积决定（或者，在这种情况下是 3 × 3 = 9 个规则）。

为了减小变量状态的变化，使用了 7 个隶属函数对输出变量 P_{reg} 进行了相同操作。大量的隶属函数不会增加模糊规则的最大数目。由于输入变量各自使用 3 个函数进行模糊化，因此，P_{reg} 最多可考虑 9 个模糊集。

由于模糊管理程序的输入和输出变量的功能图和隶属函数已经定义，接下来我们可以进行运行图的开发。

5.8 运行图

为了确定模糊规则，有必要将功能图转换成包括先前定义的隶属函数的运行图。运行模式之间的转换通过输入值的隶属函数来描述，运行模式的操作通过输出值的隶属函数来描述。

主要运行图和运行子图如图 5.15 ~ 图 5.18 所示。

使用变量名以及状态和转换的简化语言标签来创建它们。

例如 "较低风电功率" 变为 "P_{wg_LF} 为 S"，"输送中等偏大功率到电网" 变为 "P_{reg} 为 MB"，等等。

关于运算法则，与 Grafcet 工具观察的不同，是通过一个运行方式逐渐转换为另一个运行方式的。

5.8.1　N1 运行图

如图 5.15 所示，我们看到三个运行模式（N1.1 ~ N1.3）呈渐进性转换，这三个模式都依靠于储能装置的荷电状态。

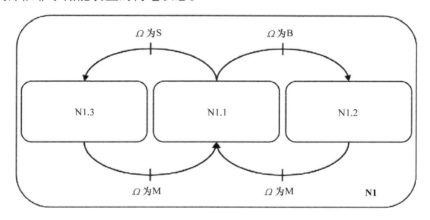

图 5.15　N1 运行图

5.8.2　N1.1 运行子图

当储能装置荷电状态显示为 "中等"（Ω 为 M）时，该模式（见图 5.16）被

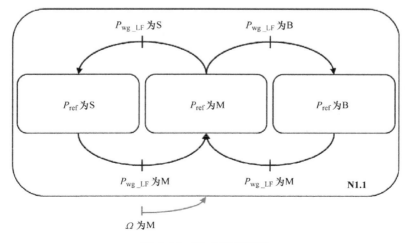

图 5.16　N1.1 运行子图

激活。该图显示了状态图（见图5.9）中考虑的运行和分配给变量的语言值之间的对应关系：

1）"输送中等功率到电网"对应"P_{reg}为M"；

2）"输送大功率到电网"对应"P_{reg}为B"；

3）"输送小功率到电网"对应"P_{reg}为S"。

5.8.3 N1.2 运行子图

当储能装置荷电状态显示"大"时（"Ω为B"），该模式（见图5.17）被激活。该图显示了状态图（见图5.10）中考虑的运行和分配给变量的语言值之间的对应关系：

1）"输送中等偏大的功率到电网"对应"P_{reg}为MB"；

2）"输送非常大的功率到电网"对应"P_{reg}为VB"；

3）"输送中等偏小的功率到电网"对应"P_{reg}为MS"。

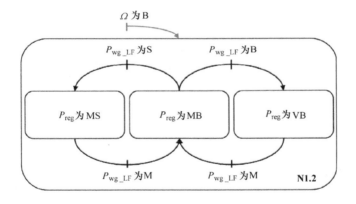

图5.17　N1.2 运行子图

5.8.4 N1.3 运行子图

当储能装置荷电状态显示"小"时（"Ω为S"），该模式（见图5.18）被激活。在该图中，我们可以看到状态图（见图5.11）中考虑的运行和分配给变量的语言值之间的对应关系。

1）"输送中等偏小的功率到电网"对应"P_{reg}为MS"；

2）"输送中等偏大的功率到电网"对应"P_{reg}为MB"；

3）"输送非常小的功率到电网"对应"P_{reg}为VS"。

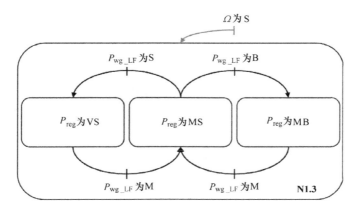

图 5.18　N1.3 运行子图

5.9　模糊规则

管理程序的模糊规则来自于运行图。

两个输入变量 Ω 和 P_{wg_LF} 服从模糊化，每个变量使用 3 个语言变量；这意味着将会有 9 个模糊规则。

表 5.4 显示了根据上面介绍的子运行图组合的规则。

表 5.4　管理程序的 9 个模糊规则

		如果	Ω 为 M	且如果	P_{wg_LF} 为 M	那么	P_{reg} 为 M
	N1.1	如果	Ω 为 M	且如果	P_{wg_LF} 为 B	那么	P_{reg} 为 B
		如果	Ω 为 M	且如果	P_{wg_LF} 为 S	那么	P_{reg} 为 S
		如果	Ω 为 B	且如果	P_{wg_LF} 为 M	那么	P_{reg} 为 MB
N1	N1.2	如果	Ω 为 B	且如果	P_{wg_LF} 为 B	那么	P_{reg} 为 VB
		如果	Ω 为 B	且如果	P_{wg_LF} 为 S	那么	P_{reg} 为 MS
		如果	Ω 为 S	且如果	P_{wg_LF} 为 M	那么	P_{reg} 为 MS
	N1.3	如果	Ω 为 S	且如果	P_{wg_LF} 为 B	那么	P_{reg} 为 MB
		如果	Ω 为 S	且如果	P_{wg_LF} 为 S	那么	P_{reg} 为 VS

注意，这些规则的基本数目不能减少。由于模糊管理程序只有两个输入变量，因此研究的情形相对简单。然而，这个表面的简单与管理程序在开发时执行的上游简单化有关。模糊逻辑不能系统性应用，并且已经使用了低通滤波器和比例积分校正器等工具，因此限制了模糊管理程序输入变量的数目。

5.10　实验验证

5.10.1　管理程序的植入

为了通过实验验证上述提出的概念，上文中开发的管理程序已经植入到测试平台的"实时"控制卡上 [CIM 06]。

图 5.19 所示为由模糊管理程序产生的非线性表面。它显示了根据飞轮标准转速 Ω 注入电网的功率 P_{reg} 和由风电机组产生的滤波功率 P_{wg_LF} 的演进。在图中，我们能够看到 P_{reg} 根据表 5.4 显示的规则所发生的演变。

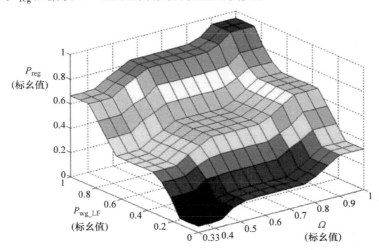

图 5.19　依据飞轮标准转速 Ω 和滤波风电功率 P_{wg_LF} 确定的注入电网功率 P_{reg} 的
演进（该图的彩色版本请参见 www. iste. co. uk/robyns/powergrids. zip）

这个方案的实时植入不是直接可行的，因为测量所需时间和恢复顺序所需时间的计算和系统的正确控制不兼容。

提出的第一个方案是一种通过使用中间计划的初始化模糊表面（见图 5.19）的线性进行简化的方法。选定计划的等式（以标幺值为单位）如式（5.9）所示，并且相应的表面如图 5.20 所示。

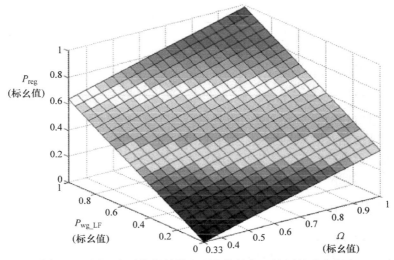

图 5.20　用于实时执行的管理程序的简化（该图的彩色版本
请参见 www. iste. co. uk/robyns/powergrids. zip）

$$P_{\text{reg}} = 0.63 P_{\text{wg\_LF}} + 0.52 \Omega - 0.17 \tag{5.9}$$

在异步发电机矢量控制示例中，简化管理程序的实际应用使在微处理器应用的管理法则的采样周期降低 1/4 成为可能 ［ROB 07］。

另一种简易化的模糊管理程序（见图 5.19）是通过复制发电系统（见图 5.21）在恒定功率下运行的延伸区域进行，表面通过使用计算时间很短的简单等式来获得。

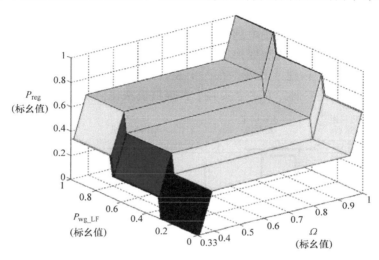

图 5.21　恒定功率下的模糊管理程序（该图的彩色版本
请参见 www.iste.co.uk/robyns/powergrids.zip）

5.10.2　实验配置

用于实验测试的平台（见图 5.22）根据图 5.23 中展示的原理图进行构建 ［CIM 06，SAU 05］。

图 5.22　实验平台图片

这是一个总功率在3kW左右的平台。在该配置中，储能通过笼型感应电机和钢制飞轮进行，飞轮的惯性 $J = 0.2\mathrm{kg \cdot m^2}$，最大驱动速度为3000r/min。因此，最大储能容量约为10kJ或2.7Wh左右。脉宽调制（PWM）变换器连接的直流母线使用等效电容为2200μF、直流母线电压为400V的电容器创建。

该配置由四部分组成（见图5.23）：代表实际风电机组的风电机组模拟器；作为发电机的永磁同步发电机，用于将风电机组的机械能转化为电能；一个飞轮储能系统；以及这个发电系统通过电感或电感电容滤波器到230V三相电网的连接器。所有用于这个平台的脉宽调制变换器是相同的，围绕一个1200V/50A的绝缘栅双极型晶体管（IGBT）构建。另外，在一个独特的模型上，构建了与每一台变换器相连接的控制和测量界面，为这个实验平台提供模块化质量。

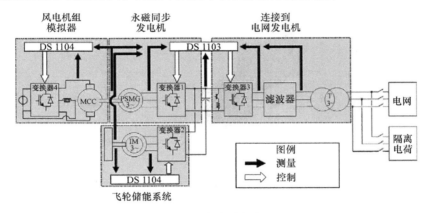

图5.23　实验平台全局图

5.10.3　实验结果和分析

5.10.3.1　平稳功率管理程序

在这些测试中，记录了法国北海岸实际风力测量数据，以创建图5.24所示的曲线文件。

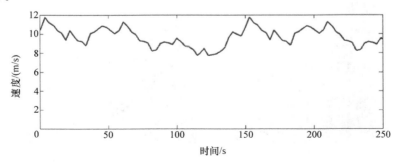

图5.24　风速

图5.25显示了风力发电机的速度。

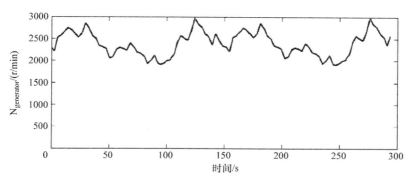

图 5.25   风力发电机的速度

在没有储能系统的情况下，风力发电机单独注入电网的功率变化极大，如图 5.26 所示。

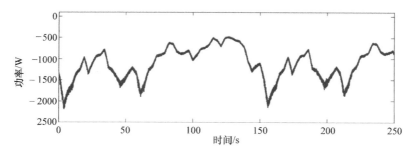

图 5.26   没有储能系统的情况下提供给电网的有功功率

当飞轮储能系统运行时，管理程序传送一个参考功率 P_{reg}，这个功率被输送到静态变换器，确保与电网的连接，并使相应功率能够注入电网（见图 5.27）。如图 5.27 所示，这个功率非常平稳，实现了第一个目标。指标开发以注入电网的功率构成的信号频率分析为基础。

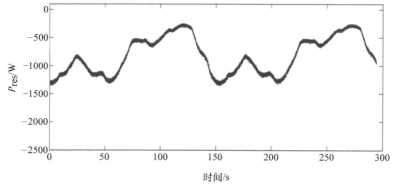

图 5.27   提供给电网的平稳有功功率

此时，飞轮储能系统需要吸收或补偿风力发电机发出的功率与注入电网的功率之间的差值，同时还要将直流母线电压维持在设定值。感应电机吸收的有功功率和飞轮转速分别如图 5.28 和图 5.29 所示。

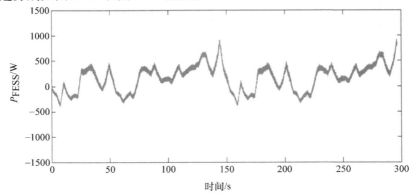

图 5.28　感应电机吸收的有功功率

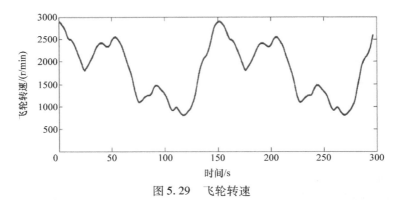

图 5.29　飞轮转速

飞轮转速维持在上限（3000r/min）和下限（800r/min）之间，从而实现了第二个目标。这个条件能够保证正确地实现第三个目标，即控制电压 V_{dc}（见图 5.30）。

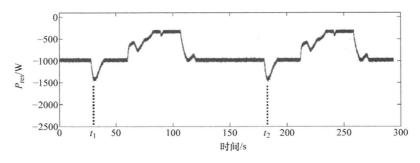

图 5.30　穿过直流母线的电压

5.10.3.2 恒定功率管理程序

现在，我们将分阶段呈现恒定功率管理程序（表面见图5.21）的实验结果。

对于和前面情形（见图5.24）相同的风速，输入到电网的功率如图5.31所示。

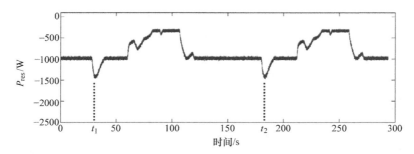

图5.31 在恒定功率管理程序下输入到电网的功率

飞轮转速如图5.32所示。在该情形下，我们可以清楚地看到，在储能装置运行时，飞轮转速频繁地达到上限和下限。然而，为了确保储能系统的有效性，当储存的能量过大时（飞轮转速 Ω 太高——见图5.31，时间 t_1 和 t_2），管理程序通过释放更多的功率到电网，从而避免飞轮转速 Ω 到达上下限饱和区。

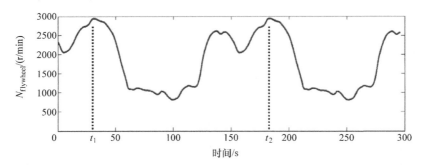

图5.32 恒定功率管理程序下的飞轮转速

该例阐述了为管理程序设置的目标和储能容量设计之间的联系。由于依照注入电网的功率（在这种情形下，在各阶段是恒定的）设置的目标是非常有约束力的，因此，恒定功率管理程序要求更大的储能容量。

5.11 总结

在本章中，我们使用7个精确确定的阶段说明了混合发电系统中能量管理策略的发展，这7个阶段分别是确定系统规范、管理程序的结构、确定功能图、确定模糊管理程序隶属函数、确定运行图、模糊规则的发展和指标的定义。

本章提出了将这种方法应用到结合飞轮储能并接入电网的变速风电机组中。

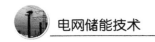

使用比例积分校正器或低通滤波器等传统工具能够让发电系统实现一个目标（维持直流母线电压或平稳输送至电网的功率），而模糊管理程序则能同时管理多个目标（在此情况下为两个目标），并能通过向一种荷电状态汇集实现储能管理，因此，极大地限制了储能系统饱和的风险。

最后，已在实验平台上植入模糊管理程序，来验证植入管理程序的系统的正确运行。实验结果显示，虽然风力发电机的初始功率变化频繁，但是仍然能够保证注入电网的功率平稳。这主要得益于飞轮储能系统；当飞轮储能系统与适合的管理程序相结合时，还可高效确保直流母线电压的稳定性。

5.12 参考文献

[BOR 98] BORNE P., RORINOER J., DIEULOT J-Y. *et al.*, *Introduction à la commande floue*, Ed. Technip, Collection: Sciences et Technologies 1998.

[BUH 94] BUHLER H., *Réglage par logique floue,* Presses Polytechniques et Universitaires Romandes, 1994.

[CAR 01] CARDENAS R., PENA R., ASHER G. *et al.*, "Control strategies for enhanced power smoothing in wind energy systems using a flywheel driven by a vector-controlled induction machine", *IEEE Transactions on Industrial Electronics*, vol. 48, pp. 625–635, 2001.

[CIM 05] CIMUCA G., Système inertiel de stockage d'énergie associé à des générateurs éoliens, PhD Thesis, no. 2005-27, Ecole Nationale Supérieure des Arts et Métiers - Centre de Lille, December 2005.

[CIM 06] CIMUCA G., SAUDEMONT C., ROBYNS B. *et al.*, "Control and performance evaluation of a flywheel energy storage system associated to a variable speed wind generator", *IEEE Transactions on Industrial Electronics*, vol. 53, no. 4, pp. 1074–1085, August 2006.

[CIM 10] CIMUCA G., BREBAN S., RADULESCU M. *et al.*, "Design and control strategies of an induction machine-based flywheel energy-storage system associated to a variable-speed wind generator", *IEEE Transactions on Energy Conversion*, vol. 25, no. 2, pp. 526–534, June 2010.

[DAV 06] DAVIGNY A., ROBYNS B., "Fuzzy logic based supervisor of a wind farm including storage system and able to work in islanding mode", *IEEE 32nd Annual Conference on Industrial Electronics*, IECON '06, pp. 4231–4236, 2006.

[EL 09a] EL MOKADEM M., COURTECUISSE V., SAUDEMONT C. *et al.*, "Fuzzy logic supervisor-based primary frequency control experiments of a variable-speed wind generator", *IEEE Transactions on Power Systems*, vol. 24, pp. 407–417, 2009.

[EL 09b] EL MOKADEM M., COURTECUISSE V., SAUDEMONT C. *et al.*, "Experimental study of variable speed wind generator contribution to primary frequency control", *Renewable Energy*, Elsevier, vol. 34, pp. 833–844, 2009.

[JAA 09] JAAFAR A., AKLI C.R., SARENI B. *et al.*, "Sizing and energy management of a hybrid locomotive based on flywheel and accumulators", *IEEE Transactions on Vehicular Technology*, vol. 58, pp. 3947–3958, 2009.

[LEC 03] LECLERCQ L., SAUDEMONT C., ROBYNS B. *et al.*, "Flywheel energy storage system to improve the integration of wind generators into a network", *Electromotion*, vol. 10, pp. 101–106, 2003.

[ROB 07] ROBYNS B., FRANCOIS B., DEGOBERT P. *et al.*, *Vector Control of Induction Machines: Desensitisation and Optimisation Through Fuzzy Logic*, Springer London Ltd, Collection: Power Systems, 2007

[ROB 12] ROBYNS B., DAVIGNY A., BRUNO F. *et al.*, *Production d'énergie électrique à partir des sources renouvelables*, Hermès-Lavoisier, 2012.

[SAU 05] SAUDEMONT C., CIMUCA G., ROBYNS B. *et al.*, "Grid connected or stand-alone real-time variable speed wind generator emulator associated to a flywheel energy storage system", *Power Electronics and Applications European Conference*, p. 10, 2005.

第 6 章

混合多源/多储能系统的管理程序设计

6.1 概述

目前,对接入电力系统中的风力发电、光伏发电、小型径流式水电和海洋发电(例如潮汐发电等)等可再生能源的管理非常薄弱,甚至缺失(见第 1 章和第 3 章),而这些可再生能源的大量接入可能导致电力系统的不稳定[ACK 05、ROB 12b]。

在功率较小的或者那些与陆地电网没有互联的岛屿电力系统中,电网不稳定的现象更加明显,在这种形势下,只有采取如下措施,才能在电网中实现各种易变可再生能源的高渗透率:

1)可再生能源(风力发电、光伏发电等)与可预测、可计划和可控制的电源相结合,或者与综合管理系统中的储能装置相结合。

2)可再生能源可参与提供辅助服务,比如电压和频率控制、黑起动等。

天气预测精度的提高也可以使得可再生能源发电更易参与电网的这些服务,这些参与电网辅助服务的收费管理将使得可再生能源更加易于接入电网,关于这方面的讨论,本章不再展开论述;关于电动汽车双重管理的例子,请见参考文献[BOU 13,BOU14]和[ROB 15]。

多种能源可以通过一个集成管理系统组成一个虚拟多源电厂。本章将提出一种新方法,用于管理这些能源组成的虚拟电厂[SPR 09,COU10]。

本章中研究的多源电厂包括一台风电机组、一个可预测和可控的电源和两种不同特性的储能装置。管理目标是在参考功率基础上,最大限度地利用可再生能源。另外,考虑到电网频率变化,多源电厂必须参与系统频率的一次控制(关于一次控制的原理,请见第 3 章)。

基于模糊逻辑的管理非常适合解决这类问题,原因如下:

1)被控系统的复杂性和获得系统精确模型的难度;

2)可再生能源生产的不确定性;

3)虚拟电厂对可再生能源生产的变动及与此相关的费用有一定的响应,量化这种响应存在困难。

本章将分析在第 1 章和第 5 章中提及的管理方法在以下方面的可行性:

1）避免针对多能源和储能系统建立精确和复杂的模型；

2）以系统化和模块化的方法建立管理程序；

3）确保混合系统在不同运行模式间的逐步转换；

4）尽量减少模糊规则数量（在考虑的例子中，从540个可能的模糊规则到52个相关的模糊规则不等），并简化实时计算的植入。

6.2节将对混合多源系统管理策略的设计方法进行描述；6.3节和6.4节将通过模拟说明这种管理程序的特性；6.5节将对多源系统的不同拓扑结构进行测试，说明管理程序设计方法的系统性和模块化特征，并采用量化指标，对不同拓扑结构的特性进行比较。

6.2 含风力发电的混合多源系统管理程序的构建方法

本章针对管理系统的设计方法基于以下7个步骤：

1）确定系统规格：必须明确说明系统的特性和目标；

2）管理程序架构：确定管理程序的输入和输出需求；

3）确定"功能图"：根据系统背景知识，提出代表系统不同运行模式的框图；

4）确定模糊管理程序的隶属函数；

5）确定"运行图"：提出代表模糊运行模式的框图；

6）模糊规则：从运行图中提取模糊管理程序的特性；

7）采用不同指标评价各种目标的实现情况，并对采用不同拓扑和管理程序变量的情况进行比较。

本章建立的虚拟电厂基于可再生能源，并且包括一个可预测的能源系统和两个不同特性的储能系统，针对这种虚拟电厂开发相应的管理系统。

在本章的研究中，储能系统的规模没有固定，主要通过先验知识来确定［ROB 12a］，开发的实时管理程序以减少储能容量为目标进行储能系统规模的精确调整。

6.2.1 系统规格的确定

为了能保持多源系统设定的参考功率并且保证具有足够的储备功率，风能装置将与一个分散式发电机、一个长期储能系统和一个短期储能系统相连，这个分散式发电机的输出可以预测并且能按计划发电和控制（例如燃气轮机和柴油发电机等），整个系统构成一个虚拟的多源电厂，可以连接电力系统中任何一个点（见图6.1），并且可以像传统的电源一样在电网中接受监管。设计这个多源虚拟电厂的主要目标是：

1）提供由电网管控设定的参考功率，同时最大限度地利用可再生能源，尽量减少化石能源的消耗；

2）参与系统一次频率控制，作为维护用备用电源。

在电网中，所发功率和用户所耗功率之间的不匹配通常由机器的旋转质量的贡献或旋转质量中的动能存储来补偿，这些将导致系统中电网功率的波动，通过电网中所有的发电系统均可观察到这种波动；电网中旋转质量的整体惯性越低（电网规模很小），由于功率不平衡导致的电网频率变化越大。发电系统参与频率控制包括在频率降低时增加输出功率，在频率升高时减少输出功率。在传统电力系统中，频率和功率呈线性关系（见图6.2），这种关系的特征值是曲线的斜率以及功率的最大差值 $P_{max} - P_{ref}$，称为功率储备 $P_{reserve}$。功率储备的大小通常由电网管理者根据经济和技术指标之间的函数来定。

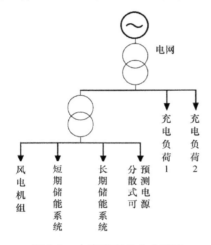

图 6.1　本章研究的电力系统

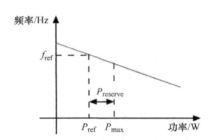

图 6.2　汽轮发电机的频率－功率特性

为了确保风电机组不参与微小频率变化而进行的调节，电网运营商采用死区控制来消除风力发电的这种特性。

表 6.1 总结了在建立多源虚拟电厂的管理策略中需要考虑的目标、责任和实施动作。

表 6.1　设计管理策略时需考虑的目标、限制和实施动作

目标	限制	实施动作
1. 达到参考功率 2. 一次频率控制 3. 尽量利用可再生能源发电 4. 尽量减少化石能源消耗 5. 确保储能系统的有效性	1. 储能系统的最大容量 2. 风力发电的波动	1. 短期储能系统的参考功率 2. 长期储能系统的参考功率 3. 可预测和可控电源的参考功率 4. 风电机组叶片方向的参考角度

6.2.2　管理程序架构

管理程序的架构须能实现前面部分定义的两个主要目标。

储能系统在实现这些目标中起到了重要作用：

1）对可再生能源的波动进行补偿；

2）保持一定的能量储备以参与系统的一次频率控制。

实现储能系统的有效管理在实现系统目标中具有重要的作用；虽然储能系统的容量受制于技术和经济性，但是，当这些储能系统实现完全充电和放电时，可以通过其他可控电源来实现这些目标：

1）当储能系统满电时，减少风力发电的输出；

2）当储能系统放电时，运用可预测电源。

在本步骤中，管理程序实现目标所需的输入变量可定义为：

1）功率误差 ΔP：为了达到系统设定的参考功率 P_{ref}，一个参量输入定义为 ΔP，$\Delta P = P_{ref} - P_{ms}$，$\Delta P$ 是整个虚拟多源电厂功率 P_{ms} 和参考功率 P_{ref} 之间的差值；

2）频率误差 Δf：为了控制整个系统的频率，一个参量输入定义为 Δf，$\Delta f = f_{ref} - f_{mes}$，$\Delta f$ 是整个虚拟多源电厂频率测量值 f_{mes} 和电网正常运行频率 f_{ref} 之间的差值；

3）能量储备：根据管理需求确定长期能量需求 Niv_{stock_lt} 和短期能量需求 Niv_{stock_ct}。

模糊管理程序的输出变量是多源电厂每个元素的参考：

1）储能系统的参考功率，包括长期储能系统 $P_{ref\_stock\_lt}$ 和短期储能系统 $P_{ref\_stock\_ct}$；

2）可预测电源的参考功率 P_{sp_ref}；

3）风电机组叶片的参考角度 β_{ref}，通过调节这个角度来降低风电机组的输出功率，获得理论上的最大风能。

整个系统的管理程序框图如图 6.3 所示。

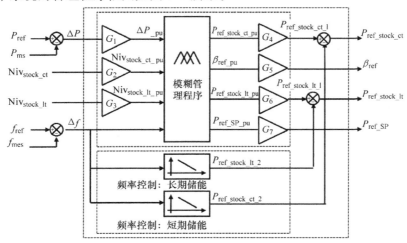

图 6.3　管理程序框图

根据这两个主要目标的定义，管理程序分成两部分：

1）基于模糊逻辑的管理程序，可以管理可预测电源（P_{SP_ref}）、风电机组（β_{ref}）和储能系统（$P_{ref\_stock\_ct\_1}$，$P_{ref\_stock\_lt\_1}$），储能系统用于补偿风电机组输出功率的波动；管理程序中包括增益系数，用来规范输入变量（G_1，G_2，G_3）和输出变量（G_4，G_5，G_6，G_7）；

2）频率控制，频率控制可以从模糊管理程序中分离出来单独定义，这个控制作为储能系统（$P_{ref\_stock\_ct\_2}$，$P_{ref\_stock\_lt\_2}$）的优选量，用来实现系统的能量储备。

储能系统的参考功率为两部分之和：

$$P_{ref\_stock\_ct} = P_{ref\_stock\_ct\_1} + P_{ref\_stock\_ct\_2} \tag{6.1}$$

$$P_{ref\_stock\_lt} = P_{ref\_stock\_lt\_1} + P_{ref\_stock\_lt\_2} \tag{6.2}$$

必须指出，为了保证储能系统的能量利用率，确保系统的频率控制与参考功率 P_{ref} 控制互不竞争，储能水平必须由模糊管理程序进行管理。

6.2.3　功能框图定义

多源系统的模糊管理程序策略通过框图来定义，具有以下优势：

1）通过文字来描述目标和子目标，实施动作和任务目标能够实现以下目的：

① 直接建立每个运行模式下相关的模糊规则，进而限制管理程序的复杂性；

② 有利于与其他领域进行交互，比如经济性，这是能量选择的一个重要参考。

2）根据系统中某些部件的状态确定运行模式之间的转换，这些状态通过管理程序中输入的模糊变量来描述，使得运行模式之间实现平滑转换，系统可以同时在多个模式之间运行。

3）在模糊逻辑中集成布尔逻辑，这样可以使用 Petri 网络和顺序功能图（Grafcet）等经典的分析方法。

管理程序中的模糊逻辑部分如图 6.3 所示，图形化后如图 6.4 所示。运行模式采用圆角长方形表示，系统状态在这些模式之间转换。

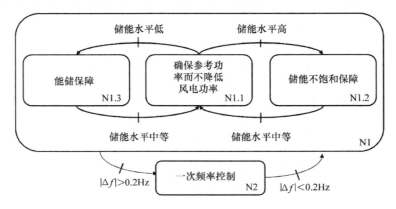

图 6.4　模糊逻辑管理程序的功能框图

如图 6.4 所示，管理程序的模糊逻辑部分分为两个主要的运行模式：N1 和 N2。第一个运行模式 N1 的目标是将系统的输出功率控制在设定的参考功率。这个模式分为三个运行子模式，根据储能系统的状态从一个子模式转换为另一个子模式。

1）N1.1：如果储能系统的容量状态为中等，在风电机组输出功率最大的情况下，多源电厂必须控制参考功率，因此，风电机组运行在最佳工作点，储能系统补偿参考功率 P_{ref} 和多源电厂输出功率 P_{ms} 的差值，运行模式功能图如图 6.5 所示。

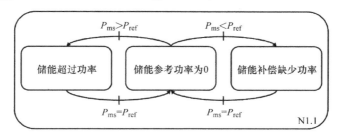

图 6.5 N1.1 运行模式功能图

2）N1.2：如果储能系统的容量状态为较高，管理程序可以同时实施两个动作，第一个动作为储能系统放电，通过电网吸收电能进行系统的一次频率控制；第二个动作通过调整风电机组叶片校正角度 β，将多源电厂的功率控制在参考功率。这种运行模式的功能图如图 6.6 所示。

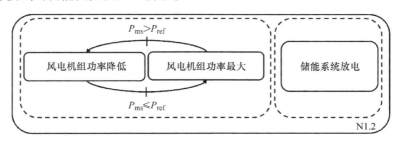

图 6.6 N1.2 运行模式功能图

3）N1.3：如果储能系统的容量状态较低，管理程序可以同时实施两个动作，第一个动作为储能系统充电，保持一定的能量储备来参与一次频率控制；第二个动作通过运用可预测电源将多源电厂的功率控制在参考功率。这种运行模式的功能图如图 6.7 所示。

第二个运行模式（N2）通过运用频率 - 功率特性控制系统的频率，但在控制中不和功率控制器冲突。在这种运行模式下，频率调节优先于参考功率的调节，另外，如果系统频率超频且储能系统容量处于较高状态，通过降低风电机组的输出功率进行调整。最后，当可预测电源处于运行状态时，如果储能系统的容量较低，可

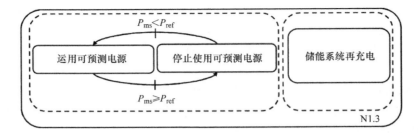

图 6.7　N1.3 运行模式功能图

以参与系统的一次频率调节。这种运行模式的功能图如图 6.8 所示。

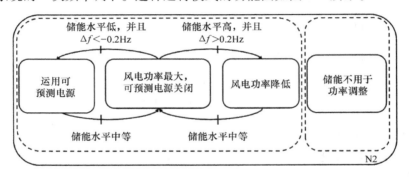

图 6.8　N2 运行模式功能图

由上所述，N1.1、N1.2、N1.3 和 N2 是管理程序的几种运行模式，且与优先考虑的目标相关。管理系统可以根据储能系统的能量状态和系统频率调整运行模式：

1）每种运行模式（N1.1、N1.2、N1.3 和 N2）将和一套模糊规则建立联系；

2）不同运行模式之间的转换由不同的模糊规则决定。这样，这些转换将是连续的，并使得不同运行模式可以同时存在，同时实现不同的控制目标。当需要满足多个条件时，同一输出可引起多个模糊规则发挥作用。最后，输出值将作为模糊逻辑决定的函数的重心值。该方法能够实现一种模式与另一种模式之间的平稳转换。

当考虑两个储能系统时，两个储能系统可以同时有 N1.1、N1.2 和 N1.3 三种运行模式，如图 6.9 所示。N1.1ct、N1.2ct 和 N1.3ct 为短期储能系统的运行模式，N1.1lt、N1.2lt 和 N1.3lt 为长期储能系统的运行模式，这些模式可以同时运行。图 6.9 所示为在模糊管理程序下的所有运行模式，以及这些模式之间的相互转换。

6.2.4　隶属函数的确定

下一步主要是确定模糊逻辑管理程序中输入输出值的隶属函数。输入值的隶属函数将确保系统在不同运行模式（Δf、Niv_{stock_ct} 和 Niv_{stock_lt}）或者不同参考值（ΔP 和 Δf）之间转换。由于模糊规则的最大数目是考虑输入变量模糊设置数的直

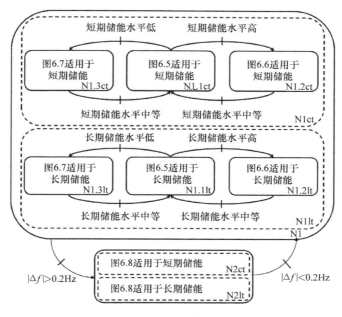

图 6.9　不同运行模式的框图

接函数，所以必须使输入变量设置数最小化。为了实现简化，最好全部采用对称设置，如图 6.10 所示。与储能系统能量（见图 6.10a 和图 6.10b）相关的隶属函数包括三个层次，与上文提到的三种运行子模式（N1.1、N1.2 和 N1.3）一致：

1）设定"S"和"B"分别代表"小容量"和"大容量"，为了确保能量储备能满足电厂频率控制的需要，在次频率或超频率的情况下，在储能系统中，相同的最小能量储备设定为 0.05。

2）设定"M"代表"中等容量"，用于补偿风电功率和参考功率之间的差距，短期储能系统设定为最小 0.6，长期储能系统设定为最小 0.8。

图 6.10c 表示频率差值的隶属函数 $\Delta f = f_{ref} - f_{mes}$，定义三个设定值：

1）用"Z"代表一个梯形，用来表示频率偏差的死区 $-0.1\mathrm{Hz} < \Delta f < 0.1\mathrm{Hz}$。在这个频率范围内，多源电厂不参加一次频率控制。

2）用"PB"和"NB"分别代表"正值最大值"和"负值最大值"，可以同时参加频率的控制。

图 6.10d 表示功率偏差 $\Delta P = P_{ref} - P_{ms}$ 的隶属函数。因为偏差的最小差值是一个主要目标，所以需要 5 个设定值来获得电厂控制功率精度和管理程序复杂度的一个折中，这些设定值分别为"NB"（负值最大值）、"NM"（负值中间值）、"Z"（零值）、"PM"（正值中间值）和"PB"（正值最大值）。

输出值的隶属函数如图 6.11a～d 所示，分别为短期储能系统参考功率、长期储能系统参考功率、风电机组叶片方向参考角度和可预测电源的参考功率。

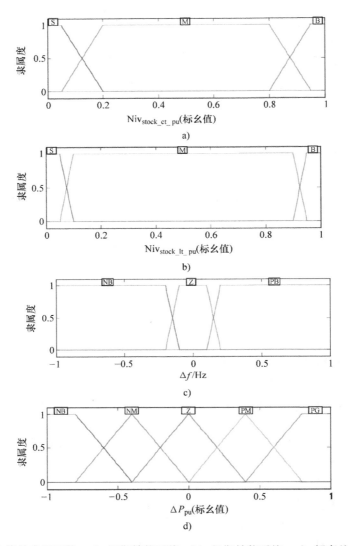

图 6.10　输入值的隶属函数：a）短期储能系统，b）长期储能系统，c）频率差和 d）功率差
（该图的彩色版本请参见 www. iste. co. uk/robyns/powergrids. zip）

　　因为储能系统功率等级可以为正或负，所以用 5 个设定值来表示，即"NB"、"NM"、"Z"、"PM"和"PB"，这些设定值的选择，使得输出值在 [−1, 1] 的范围内（见 6.5.1 节）。风电机组叶片方向角度和风电功率的减少完全不是线性关系；因此，选用校准角度的隶属函数使得功率偏差 ΔP 和风电功率的减小在运行模式 N1.2 中更加线性。因为值一直是正的 [0, 1]，所以选择 3 个设定值（"Z"、"M"和"B"）实现精度和复杂度的折中。在例子中，可预测电源的性质不做考虑，任何关于 3 个设定值（"Z"、"M"和"B"）的选择均要实现参考功率在区间 [0, 1] 内。

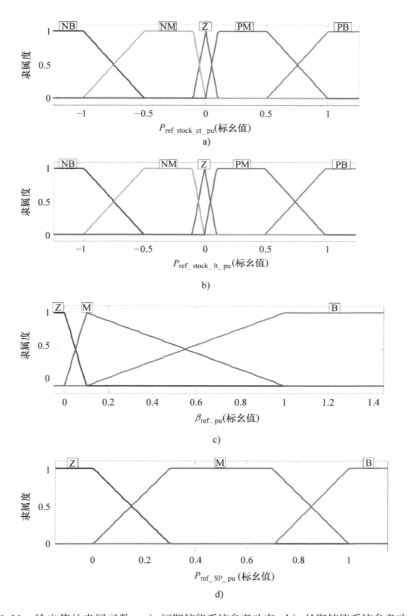

图 6.11　输出值的隶属函数：a）短期储能系统参考功率，b）长期储能系统参考功率，
c）风电机组叶片方向参考角度和 d）可预测电源的参考功率
（该图的彩色版本请参见 www. iste. co. uk/robyns/powergrids. zip）

　　针对每个输出变量的模糊规则的数量由输入变量的模糊设定数的乘积决定，或者 $3 \times 3 \times 3 \times 5 = 135$。在考虑的算例中，包含 4 个输出变量，整个模糊规则的数量可能为 $4 \times 135 = 540$。传统上，这些规则用表格来决定，与每个输出变量相关的表

格将有 5 个维度，提出的方法能够确定相关的规则决定，用相关的图表来表示有两个优点：一是可以不利用表格来实现模糊规则；二是仅提取与系统综合功能最相关的模糊规则。

6.2.5 运行图的确定

如图 6.9 所示，整个系统可以分解成许多子系统，这种分解方法也可以用来定义模糊规则。在实际应用中，必须将包含上述隶属函数的功能图转换为运行图。不同运行模式之间的转换可以用输入值的隶属函数进行描述。不同运行模式的动作则可以用输出值的隶属函数进行描述。这种方式可以用图 6.12 所示的运行图来描述。采用与储能和频率相连的输入变量模糊设定值决定运行模式，在子模式 N1.1ct 下的细节描述如图 6.13 所示。在这种模式下，多源电厂最大限度地利用风电（$\beta_{\mathrm{ref\_pu}}$ 是 "Z"），不使用可预测电源（$P_{\mathrm{ref\_SP\_pu}}$ 是 "Z"），并且用短期储能系统控制输出功率。输出功率差额 ΔP_{pu} 越大，储能系统输出功率也越大；同时，剩余功率越大，储能系统吸收的功率越大。功率偏差确定的模糊设定值用来定义短期储能系统的参考功率值。相似的分析方法也可以用在其他运行子模式下。

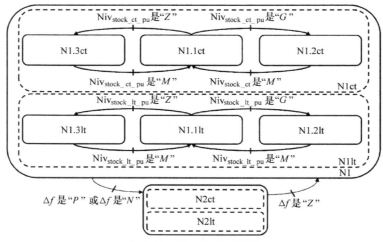

图 6.12 管理程序运行图

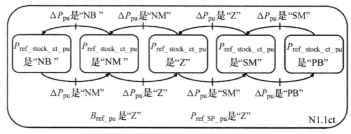

图 6.13 子模式 N1.1ct 运行图

6.2.6 模糊规则提取

基于图 6.13 所示的框图,在运行模式 N1.1ct 下,很容易提取模糊规则。一些状态来自模式 N1(如果 Δf 是 "Z")和 N1.1ct(如果 $Niv_{stock\_ct\_pu}$ 是 "M")的输入状态,第三种状态与这种模式下的模糊推理相关:

1)如果 Δf 是 Z 并且 $Niv_{stock\_ct\_pu}$ 是 M 并且 ΔP_{pu} 是 NB,则 $P_{ref\_stock\_ct\_pu}$ 是 NB;

2)如果 Δf 是 Z 并且 $Niv_{stock\_ct\_pu}$ 是 M 并且 ΔP_{pu} 是 NM,则 $P_{ref\_stock\_ct\_pu}$ 是 NM;

3)如果 Δf 是 Z 并且 $Niv_{stock\_ct\_pu}$ 是 M 并且 ΔP_{pu} 是 Z,则 $P_{ref\_stock\_ct\_pu}$ 是 Z;

4)如果 Δf 是 Z 并且 $Niv_{stock\_ct\_pu}$ 是 M 并且 ΔP_{pu} 是 PM,则 $P_{ref\_stock\_ct\_pu}$ 是 PM;

5)如果 Δf 是 Z 并且 $Niv_{stock\_ct\_pu}$ 是 M 并且 ΔP_{pu} 是 PB,则 $P_{ref\_stock\_ct\_pu}$ 是 PB。

最后,在运行模式 N1.1ct 下,决定风电机组和可预测电源输出变量的两种模糊规则完全由隶属关系规定。规则书写如下:

1)如果 Δf 是 Z 并且 $Niv_{stock\_ct\_pu}$ 是 M,则 β_{ref_pu} 是 Z;

2)如果 Δf 是 Z 并且 $Niv_{stock\_ct\_pu}$ 是 M,则 $P_{ref\_SP\_pu}$ 是 Z。

实现图 6.13 中所有模式下的运行,只需要考虑 52 个模糊规则,而不是之前的 540 个可能的模糊规则。在 6.5.2 节中给出了这些规则的完整列表。除了提出模糊管理程序的系统建设外,本方法还可以极大地减少运行过程中的模糊规则数量,简化管理程序的实时植入运算。

6.3 混合多源系统中不同变量特性的比较

为了验证采用所提方法建设的管理系统的有效性,本章进行了机电系统和管理程序的模拟。本章针对不同系统元素进行了建模。然而,必须指出,开发管理程序无须建模,建模只是用来模拟系统,对管理程序进行测试。虚拟电厂和管理程序的结构是完全独立的技术,但是应用模拟技术,可以实现管理程序中一些参数的调整,比如隶属函数中模糊设定值的数值限值等。

6.3.1 模拟系统的特点

6.3.1.1 风力发电

本例中模拟的可变速风电机组以接入电网的永磁同步发电机为基础,该发电机通过两个背靠背 AC – DC 变换器接入电网。

通过建立风速和功率之间的关系建立机组的模型[ACK 05,ROB 12b]:

$$P_{wind} = \frac{1}{2}\rho A_r C_p(\lambda, \beta) v^3 \tag{6.3}$$

式中,ρ 为空气密度;A_r 为叶片扫过的面积;$C_p(\lambda, \beta)$ 为功率系数;$\lambda = \Omega_t R_t / v$ 为风速比;Ω_t 为机组的旋转速度;R_t 为机组的半径;β 为叶片方向的角度;v 为风速。

功率因数 λ 和 β [$C_p(\lambda, \beta)$] 之间的关系通过一个表达式建立模型[ACK 05]。风电机组的模拟模型在参考文献[COU 08a]和[COU 08b]中进行了具体描述。

6.3.1.2 可预测电源

一个传统的可预测电源的模型可以简化为一个一阶传递函数，用于描述管理程序设定的参考功率（P_{ref_SP}）和电源的输出功率（P_{SP}）[ACK 05]。这个传递函数的方程如式（6.4）所示，其中，τ_{SP}为根据技术参数设定的时间常数。

$$H(s) = \frac{1}{\tau_{SP}s + 1} \tag{6.4}$$

图 6.14 所示为可预测电源的模型，P_{SP_min} 和 P_{SP_max} 分别表示电源的最小和最大运行功率。

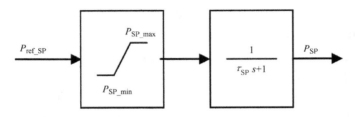

图 6.14 可预测电源的模型

6.3.1.3 储能系统

储能系统的模型采用参考文献[ABO 05]中所述的简化传统模型，与长期储能和短期储能系统的结构相同。这个模型的框图如图 6.15 所示，其中，P_{ref_stock} 是管理程序设定的储能系统参考功率，W 是系统存储的能量，P_{stock} 是系统的输出功率。储能系统的模型参数包括最大充电功率和放电功率（P_{chmax}，P_{dchmax}）、充电时间和放电时间常数（τ_{ch}，τ_{dch}）、充电效率和放电效率（η_{ch}，η_{dch}）、最大可存储能量和最小可存储能量（W_{max}，W_{min}）。如果 $W_{stock} = W_{max}$，并且 $W_{stock} = 0$，则 $m_1 = 0$，否则，$m_1 = 1$。

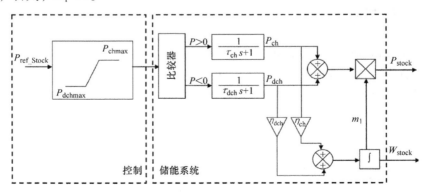

图 6.15 储能系统的模型

6.3.1.4　外部电网

外部电网模型由一个经典的等效模块组成，包括三部分：

1）同步发电机；

2）汽轮机；

3）速度控制。

图 6.16 所示为系统参与一次和二次频率控制（速度控制采用比例和积分控制）时外部电网的等效模型［KUN 97，SAA 99］。T_{CH} 和 T_{RH} 分别表示主要蒸汽输入和加热器的时间常数，F_{HP} 表示高压涡轮机产生的总功率的分数，T_G 表示速度控制器的时间常数，R 表示下垂控制的斜率，K_I 表示速度环路的积分增益。ΔY 和 ΔP_m 表示闸门与机械动力之间的偏差，ΔP_L 表示发电机的计划功率和电网功率需求之间的差值（标幺值），$H = M/2$ 表示动力惯性常数，D 表示机械阻尼系数。

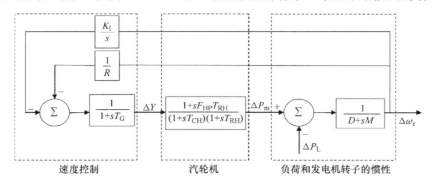

图 6.16　参与一次和二次频率控制的等效模型

6.3.2　不同混合源变量的模拟

为了显示基于模糊逻辑管理程序设计图解方法的优点，我们将这种方法用在不同拓扑的多源电厂中。每种拓扑的图解如图 6.9 所示。管理程序的目标和前面章节的保持一致，具体如下：

1）提供由电网管理者设定的参考功率；

2）最大限度地利用可再生能源；

3）参与一次频率控制。

在本章的最后用定量指标给出了不同拓扑的比较结果。

6.3.2.1　完整多源电厂的模拟（拓扑 A）

图 6.1 所示的主要系统参数如表 6.2 所示，S_{source} 是电网的视在功率，P_{load1} 是负荷 1 的有功功率，P_{load2} 是负荷 2 的有功功率。为了实现风力发电在孤网（如岛屿网络）中的高渗透率，电网功率采用较低功率状态，选择符合传统电网传统性能需求的 R，确定参数 K_I 的值，获得比一次频率控制更大的时间常数的二次控制，电网电压由电源控制实现。在测试的场景中，在时间段 0h < t < 1h 内，多源电厂的

参考功率调整为 600kW，与风力发电的平均功率相近；在时间段 $1h < t < 2h$ 内，多源电厂的参考功率调整为 400kW，低于风力发电的平均功率；在最后时间段 $2h < t < 3h$ 内，多源电厂的参考功率调整为 800kW，高于风力发电的平均功率。另外，为了制造电网频率变化的现象，一个 800kW 的充电功率分别在 $t = 0h20$，$t = 1h20$ 和 $t = 1h40$ 时接入电网，在 $t = 0h40$、$t = 1h40$ 和 $t = 2h40$ 时脱离电网。

表 6.2　模拟电网的参数

可预测电源		电网	
P_{SP}	750kW	S_{source}	3MVA
τ_{SP}	5s	P_{load1}	800kW
		P_{load2}	800kW
		R	4%
		K_I	1
短期储能		长期储能	
P_{chmax_ct}	300kW	P_{chmax_lt}	230kW
P_{dchmax_ct}	-300kW	P_{chmax_lt}	-230kW
τ_{ch_ct}	0.5s	τ_{ch_lt}	5s
τ_{dch_ct}	0.5s	τ_{dch_lt}	5s
W_{max_ct}	4.17kWh	W_{max_lt}	417kWh
		风电功率	
		P_{wg}	750kW

图 6.17 为模拟结果，风电机组输出功率用虚线表示（见图 6.17a），多源电厂的输出功率用实线表示（见图 6.17a）。其余的子图分别表示电网频率（见图 6.17b）、长期储能系统的容量（见图 6.17c）、短期储能系统的容量（见图 6.17d）、风电机组叶片方向角度（见图 6.17e）和可预测电源功率（见图 6.17f）。

图 6.17a 表示在风和负荷波动的情况下，多源电厂输出功率跟随参考功率的波形。在负荷相连接期间，为了减少频率的跌落，输出功率增加（见图 6.17b）；当负荷与电网断开时，现象相反。第一个频率跌落如图 6.17 中实线所示，该图同时对比了多源电厂参与和不参与充电时，电网系统的波动；多源电厂参与的情况下，电网的频率波动减少。在例子中，频率的最大变化限制在 0.82Hz，相当于多源电厂参与时，频率变化减少 40%。

当短期储能系统能量较高时，通过叶片方向角度的变化来减少和平滑风电机组的功率输出，如图 6.17d 和图 6.17e 所示；相似的，当短期储能系统能量较低时，通过调节可预测电源的功率输出来补偿风力发电的不足，如图 6.17d 和图 6.17f 所示。

在模拟例子中，假定可预测电源的功率输出是理想的，可以满足整个电厂的功率需求。根据电源种类（发电机和微汽轮机等），这些电源必须能满足起动和停机需求［ALK 09］。另外，这些可预测电源也可能是水力发电，并且可以自带一个蓄水池［BRE 07，ROB 12b］。

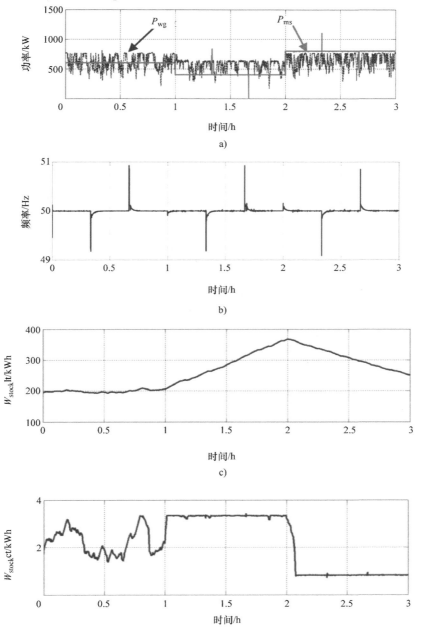

图 6.17　多源电厂在不同参考功率下的特性：a）风电和整个虚拟电厂的功率，b）电网频率，
c）长期储能，d）短期储能，e）风电机组叶片方向角度，f）可预测电源
（该图的彩色本请参见 www. iste. co. uk/robyns/powergrids. zip）

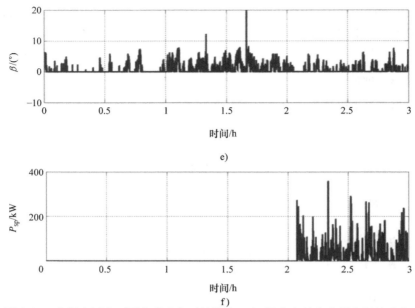

图 6.17 多源电厂在不同参考功率下的特性：a）风电和整个虚拟电厂的功率，
b）电网频率，c）长期储能，d）短期储能，e）风电机组叶片方向角度，f）可预测电源
（该图的彩色版本请参见 www. iste. co. uk／robyns／powergrids. zip）（续）

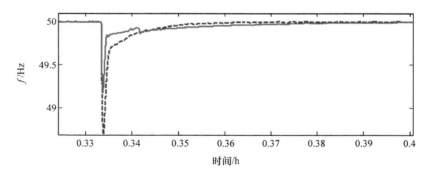

图 6.18　多源电厂的频率控制：多源电厂不参与的频率变化
（虚线）和多源电厂参与的频率变化（实线）

　　最后，图 6.17c 显示了风力发电和多源电厂参考功率存在差距时导致频率降低，长期储能系统补偿这个低频率的波形。图 6.17d 显示了在正常运行中，在储能系统容量未达到最大值（4.17kWh）或最小值的情况下，为了完全满足一次频率的需要，根据频率的变化发出和吸收能量波形。

6.3.2.2　含一台风电机组和一个可预测电源的多源电厂（拓扑 B）

　　图 6.19 所示拓扑结构的多源电厂只含有一台风电机组和一个可预测电源。

　　图 6.20 所示为管理程序的基本功能框图，包括三个运行模式。当风电功率低

于参考功率时，可预测电源输出差额，相反，当风电功率高于参考功率时，必须通过调整风电机组叶片方向角度来减少功率的输出。基于该功能框图，可以推导出运行图和相关的模糊规则，模糊规则数值为 16。这些规则与 6.5.2 节中 N1.2ct 和 N1.3ct 的相同，没有考虑储能系统参考功率，也没有考虑储能系统的功率水平。

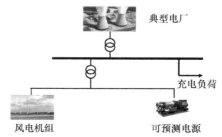

图 6.19　含一台风电机组和一个可预测电源的多源电厂（拓扑 B）

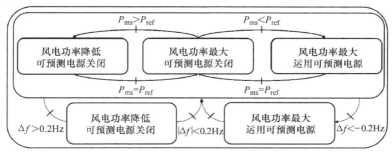

图 6.20　不同运行模式的框图

图 6.21 所示为不含储能系统的多源电厂保证达到参考功率的情况。风电功率分布图与图 6.17a 所示相同。注意，在本例中没有考虑频率变化。此外，由于拓扑中没有储能系统，采用传统下垂控制（见图 6.2）进行的一次控制必须由可预测电源承担。

6.3.2.3　含一台风电机组、一个可预测电源和一个短期储能系统的多源电厂（拓扑 C）

图 6.22 所示拓扑结构的多源电厂只含有一台风电机组、一个可预测电源和一个短期储能系统。

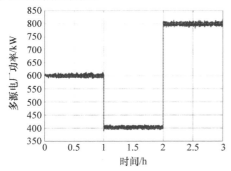

图 6.21　多源电厂输出功率和参考功率
（该图的彩色版本请参见
www.iste.co.uk/robyns/powergrids.zip）

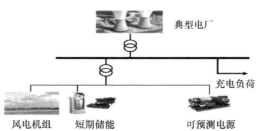

图 6.22　含一台风电机组、一个可预测电源和一个短期储能系统的多源电厂（拓扑 C）

图 6.23 所示为管理程序的功能框图。管理程序包括图 6.9 中的 N1.1 和 N2。从功能图中可知，相关模糊规则数值为 26，这些规则与 6.5.2 节中 N1ct 和 N2ct 的相同，没有考虑长期储能系统的参考功率。图 6.24 所示为该多源电厂能够很好地满足系统的参考功率。

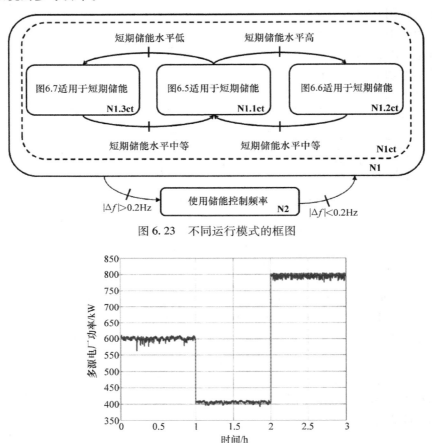

图 6.23 不同运行模式的框图

图 6.24 多源电厂输出功率和参考功率（该图的彩色版本请参见 www. iste. co. uk/robyns/powergrids. zip）

6.3.2.4 含一台风电机组、一个短期储能系统和一个长期储能系统的多源电厂（拓扑 D）

图 6.25 所示拓扑结构的多源电厂包含一台风电机组、一个短期储能系统和一个长期储能系统。

管理程序的功能框图与图 6.9 非常相似，但没有可预测电源的运行模式。图 6.7 中的运行模式 N1.3 简化后的运行模式如图 6.26 所示。不含可预测电源的模糊规则数值约为 34，与 6.5.2 节中的相同。

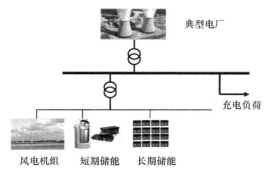

图 6.25 含一台风电机组、
一个短期储能系统和一个长期
储能系统的多源电厂（拓扑 D）

储能系统再充电

N1.3

图 6.26 运行模式 N1.3ct 和 N1.3lt 的框图

图 6.27 表明，只要电厂的参考功率低于或等于风力发电的平均功率，储能系统就有足够的能力将电厂的输出功率调节为参考功率值。然而，在第三步中（时间段 $2h < t < 3h$），电厂的参考功率高于风力发电的平均功率，储能系统不能将系统的输出功率调节为参考功率值（见图 6.17a）。

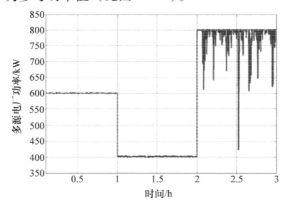

图 6.27 多源电厂的输出功率和参考功率（该图的彩色版本
请参见 www.iste.co.uk/robyns/powergrids.zip）

6.3.2.5 含一台风电机组和一个短期储能系统的多源电厂（拓扑 E）

图 6.28 所示拓扑结构的多源电厂仅包含一台风电机组和一个短期储能系统。

管理程序的功能图与图 6.23 非常相似，但是不包括可预测电源的运行模式。图 6.7 中的运行模式 N1.3 被简化为图 6.26 的运行模式。不考虑可预测电源和长期储能系统参考功率的剩余模糊规则数值为 17，与 6.5.2 节中 N1ct 和 N2ct 的相同。

图 6.29 表明，当电厂的参考功率低于风力发电的平均功率时，能得到较好的控制；当电厂的参考功率大于风力发电的平均功率时，只能在储能系统的可用容量

范围内进行调节。

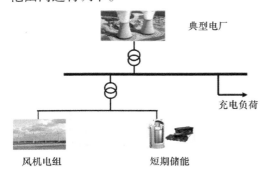

图 6.28　含一台风电机组和一个短期
储能系统的多源电厂（拓扑 E）

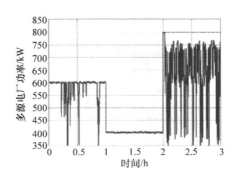

图 6.29　多源电厂的输出功率和参考功率
（该图的彩色版本请参见 www. iste. co.
uk/robyns/powergrids. zip）

6.3.3　根据不同指标对混合电源的特性进行比较

现在，我们将对 5 种拓扑的特性进行对比。包含所有电源种类的多源电厂（拓扑 A）的模拟在 6.3.2.1 节中进行了讨论，表 6.3 根据表 6.1 中不同的目标定义了不同的比较标准：所有的能源由多源电厂供给；由风电机组和可预测电源供给的能源；平均和最大误差，误差为参考功率值和多源电厂的输出功率的绝对差值。当含有可预测电源时（拓扑 A、B 和 C），相同的总能量被输送到电网，平均误差非常小。在这 3 种状态下，储能系统可以减少可预测电源的使用，增加可再生能源的利用（拓扑 A 和 C）。当系统中没有可预测电源时，如果参考功率高于平均风电功率，多源电厂的功率不能较好地达到设定的参考功率。

含一台风电机组和一个短期储能系统的拓扑，在跟踪系统设定的参考功率时，引起的输出误差最大，与拓扑 A 和 D 中风力发电的最佳状态相比，风电功率明显减少。

表 6.3　不同拓扑对比

拓扑	供应的总能量 /kWh	风电功率 /kW	可预测电源 提供的能量/kW	平均误差 /kW	最大误差 /kW
A	1800	1823	30. 9	0. 011	18
B	1800	1563	237	0. 165	13
C	1800	1636	163	0. 223	38
D	1783	1823	0	5. 4	376
E	1635	1635	0	54. 86	511

6.4　结论

在本章中，提出了一种基于模糊逻辑的管理程序设计方法，这种方法便于分析和设计多源电厂管理程序的架构和模糊规则，并已成功用于多源电厂管理策略设计。多源电厂包括一台风电机组、一个可预测电源和一个储能系统。这种方法可以避免建立各个电源的高精确和高复杂度的模型，从而可以减少管理程序中模糊规则的数量，系统地确定管理程序。通过模拟验证了提出的管理程序的特性。最后，通过在多源电厂不同拓扑结构中的应用，验证了提出的管理程序控制的电厂的系统特性，并且对电厂的不同特性进行了比较，尤其是详细说明了储能系统和带有风电机组的可预测电源所做的积极贡献。

6.5　附录

6.5.1　输出值波动范围

输出变量取值的范围与模糊输出设定值的模糊化直接相关，最广泛使用的模糊化方法是基于计算隶属函数的重心来确定的，公式如下：

$$y^* = \frac{\int_U y \cdot \mu_{\mathrm{res}}(y)\,\mathrm{d}y}{\int_U \mu_{\mathrm{res}}(y)\,\mathrm{d}y} \tag{6.5}$$

式中，U 为输出值隶属函数的论域；μ_{res} 为输出变量 y 的隶属函数；y^* 为输出值；分母整体给出了平面表示，而分子整体对应于该平面所对应的时间。

采用这种方法，输出值 y^* 的波动范围远小于论域的范围。标准化变量的范围为（$[-1,1]$ 或 $[0,1]$），因此，有必要将隶属函数扩展到这一范围之外。在考虑的模糊管理程序中，变量的极端模糊值（比如 NB 和 PB）为三角形，输出值的波动范围为 $[-1,1]$ 或者 $[0,1]$，因此，建议通过一个矩形将该模糊值扩展至标准化范围之外，最终形成一个梯形的模

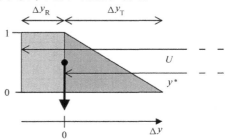

图 6.30　模糊设定值的极值

糊设定值，如图 6.30 所示。Δy_R 是矩形的底部，Δy_T 是三角形的底部。

当隶属函数值等于模糊设定值的极值时，变量也达到在规定范围的极值。当重心位于矩形和三角形交界的位置时（$\Delta y = 0$），矩形的底部 Δy_R、U 超出标准化范围的扩展用式（6.6）来定义：

$$\frac{A_R C_R + A_T C_T}{A_R + A_T} = \Delta y_R \tag{6.6}$$

式中，$A_R = \Delta y_R$ 为矩形的面积；$C_R = -\Delta y_R/2$ 是矩形重心在参考点 Δy 处的横坐标；$A_T = \Delta y_T/2$ 为三角形的面积；$C_T = \Delta y_T/3$ 是三角形重心的横坐标。用这些关系式替换式（6.6）的式子，得到下述表达式：

$$\Delta y_R \cdot \left(-\frac{\Delta y_R}{2} \right) + \frac{\Delta y_T}{3} \cdot \left(\frac{\Delta y_T}{2} \right) = 0 \tag{6.7}$$

根据式（6.7），可以得到下述表达式：

$$\Delta y_R = \frac{\Delta y_T}{\sqrt{3}} \tag{6.8}$$

在例子中，考虑储能系统参考功率的隶属函数（见图6.11a），三角形底部（NB）等于0.5，式（6.8）表明 U 的论域在 $[-1.289, 1.289]$ 范围内，变量 $P_{ref\_stock\_pu}$ 的范围为 $[-1, 1]$。

6.5.2　模糊规则

N1	N1ct	N1.1ct	如果 Δf 是 Z 并且 $\text{Niv}_{stock\_ct\_pu}$ 是 M 并且 ΔP_{pu} 是 NB，则 $P_{ref\_stock\_ct\_pu}$ 是 NG
			如果 Δf 是 Z 并且 $\text{Niv}_{stock\_ct\_pu}$ 是 M 并且 ΔP_{pu} 是 PB，则 $P_{ref\_stock\_ct\_pu}$ 是 PG
			如果 Δf 是 Z 并且 $\text{Niv}_{stock\_ct\_pu}$ 是 M 并且 ΔP_{pu} 是 NM，则 $P_{ref\_stock\_ct\_pu}$ 是 NM
			如果 Δf 是 Z 并且 $\text{Niv}_{stock\_ct\_pu}$ 是 M 并且 ΔP_{pu} 是 PM，则 $P_{ref\_stock\_ct\_pu}$ 是 PM
			如果 Δf 是 Z 并且 $\text{Niv}_{stock\_ct\_pu}$ 是 M 并且 ΔP_{pu} 是 Z，则 $P_{ref\_stock\_ct\_pu}$ 是 Z
			如果 Δf 是 Z 并且 $\text{Niv}_{stock\_ct\_pu}$ 是 M，则 β_{ref} 是 Z
			如果 Δf 是 Z 并且 $\text{Niv}_{stock\_ct\_pu}$ 是 M，则 $P_{ref\_SP\_pu}$ 是 Z
		N1.2ct	如果 Δf 是 Z 并且 $\text{Niv}_{stock\_ct\_pu}$ 是 B 并且 ΔP_{pu} 是 Z，则 β_{ref_pu} 是 Z
			如果 Δf 是 Z 并且 $\text{Niv}_{stock\_ct\_pu}$ 是 B 并且 ΔP_{pu} 是 NM，则 β_{ref_pu} 是 Z
			如果 Δf 是 Z 并且 $\text{Niv}_{stock\_ct\_pu}$ 是 B 并且 ΔP_{pu} 是 NB，则 β_{ref_pu} 是 Z
			如果 Δf 是 Z 并且 $\text{Niv}_{stock\_ct\_pu}$ 是 B 并且 ΔP_{pu} 是 PM，则 β_{ref_pu} 是 M
			如果 Δf 是 Z 并且 $\text{Niv}_{stock\_ct\_pu}$ 是 B 并且 ΔP_{pu} 是 PB，则 β_{ref_pu} 是 G
			如果 Δf 是 Z 并且 $\text{Niv}_{stock\_ct\_pu}$ 是 B，则 $P_{ref\_SP\_pu}$ 是 Z
			如果 Δf 是 Z 并且 $\text{Niv}_{stock\_ct\_pu}$ 是 B，则 $P_{ref\_stock\_ct\_pu}$ 是 NM
		N1.3ct	如果 Δf 是 Z 并且 $\text{Niv}_{stock\_ct\_pu}$ 是 S 并且 ΔP_{pu} 是 NB，则 $P_{ref\_SP\_pu}$ 是 B
			如果 Δf 是 Z 并且 $\text{Niv}_{stock\_ct\_pu}$ 是 S 并且 ΔP_{pu} 是 NM，则 $P_{ref\_SP\_pu}$ 是 M
			如果 Δf 是 Z 并且 $\text{Niv}_{stock\_ct\_pu}$ 是 S 并且 ΔP_{pu} 是 PB，则 $P_{ref\_SP\_pu}$ 是 Z
			如果 Δf 是 Z 并且 $\text{Niv}_{stock\_ct\_pu}$ 是 S 并且 ΔP_{pu} 是 PM，则 $P_{ref\_SP\_pu}$ 是 Z
			如果 Δf 是 Z 并且 $\text{Niv}_{stock\_ct\_pu}$ 是 S 并且 ΔP_{pu} 是 Z，则 $P_{ref\_SP\_pu}$ 是 Z
			如果 Δf 是 Z 并且 $\text{Niv}_{stock\_ct\_pu}$ 是 S，则 β_{ref_pu} 是 Z
			如果 Δf 是 Z 并且 $\text{Niv}_{stock\_ct\_pu}$ 是 S，则 $P_{ref\_stock\_ct\_pu}$ 是 PM
	N1lt	N1.1lt	如果 Δf 是 Z 并且 $\text{Niv}_{stock\_lt\_pu}$ 是 M 并且 ΔP_{pu} 是 NB，则 $P_{ref\_stock\_lt\_pu}$ 是 NB
			如果 Δf 是 Z 并且 $\text{Niv}_{stock\_lt\_pu}$ 是 M 并且 ΔP_{pu} 是 PB，则 $P_{ref\_stock\_lt\_pu}$ 是 PB
			如果 Δf 是 Z 并且 $\text{Niv}_{stock\_lt\_pu}$ 是 M 并且 ΔP_{pu} 是 NM，则 $P_{ref\_stock\_lt\_pu}$ 是 NM
			如果 Δf 是 Z 并且 $\text{Niv}_{stock\_lt\_pu}$ 是 M 并且 ΔP_{pu} 是 PM，则 $P_{ref\_stock\_lt\_pu}$ 是 PM
			如果 Δf 是 Z 并且 $\text{Niv}_{stock\_lt\_pu}$ 是 M 并且 ΔP_{pu} 是 Z，则 $P_{ref\_stock\_lt\_pu}$ 是 Z
			如果 Δf 是 Z 并且 $\text{Niv}_{stock\_lt\_pu}$ 是 M，则 β_{ref_pu} 是 Z
			如果 Δf 是 Z 并且 $\text{Niv}_{stock\_lt\_pu}$ 是 M，则 $P_{ref\_SP\_pu}$ 是 Z
		N1.2lt	如果 Δf 是 Z 并且 $\text{Niv}_{stock\_lt\_pu}$ 是 B 并且 ΔP_{pu} 是 NB，则 β_{ref_pu} 是 Z

（续）

N1	N1lt	N1.2lt	如果 Δf 是 Z 并且 $\mathrm{Niv_{stock\_lt\_pu}}$ 是 B 并且 ΔP_{pu} 是 Z，则 β_{ref_pu} 是 Z
			如果 Δf 是 Z 并且 $\mathrm{Niv_{stock\_lt\_pu}}$ 是 B 并且 ΔP_{pu} 是 NZ，则 β_{ref_pu} 是 Z
			如果 Δf 是 Z 并且 $\mathrm{Niv_{stock\_lt\_pu}}$ 是 B 并且 ΔP_{pu} 是 PM，则 β_{ref_pu} 是 M
			如果 Δf 是 Z 并且 $\mathrm{Niv_{stock\_lt\_pu}}$ 是 B 并且 ΔP_{pu} 是 PB，则 β_{ref} 是 B
			如果 Δf 是 Z 并且 $\mathrm{Niv_{stock\_lt\_pu}}$ 是 B，则 $P_{ref\_SP\_pu}$ 是 Z
			如果 Δf 是 Z 并且 $\mathrm{Niv_{stock\_lt\_pu}}$ 是 B，则 $P_{ref\_stock\_lt\_pu}$ 是 NM
		N1.3lt	如果 Δf 是 Z 并且 $\mathrm{Niv_{stock\_lt\_pu}}$ 是 S 并且 ΔP_{pu} 是 NB，则 $P_{ref\_SP\_pu}$ 是 B
			如果 Δf 是 Z 并且 $\mathrm{Niv_{stock\_lt\_pu}}$ 是 S 并且 ΔP_{pu} 是 NM，则 $P_{ref\_SP\_pu}$ 是 M
			如果 Δf 是 Z 并且 $\mathrm{Niv_{stock\_lt\_pu}}$ 是 S 并且 ΔP_{pu} 是 PB，则 $P_{ref\_SP\_pu}$ 是 Z
			如果 Δf 是 Z 并且 $\mathrm{Niv_{stock\_lt\_pu}}$ 是 S 并且 ΔP_{pu} 是 PM，则 $P_{ref\_SP\_pu}$ 是 Z
			如果 Δf 是 Z 并且 $\mathrm{Niv_{stock\_lt\_pu}}$ 是 S 并且 ΔP_{pu} 是 Z，则 $P_{ref\_SP\_pu}$ 是 Z
			如果 Δf 是 Z 并且 $\mathrm{Niv_{stock\_lt\_pu}}$ 是 S，则 β_{ref_pu} 是 Z
			如果 Δf 是 Z 并且 $\mathrm{Niv_{stock\_lt\_pu}}$ 是 S，则 $P_{ref\_stock\_lt\_pu}$ 是 PM
N2	N2ct		如果 Δf 是 PB 或者 Δf 是 N，则 $P_{ref\_stock\_ct\_pu}$ 是 Z
			如果 Δf 是 NB 并且 $\mathrm{Niv_{stock\_ct\_pu}}$ 是 B，则 β_{ref_pu} 是 Z
			如果 Δf 是 PB 并且 $\mathrm{Niv_{stock\_ct\_pu}}$ 是 B，则 β_{ref_pu} 是 M
			如果 Δf 是 PB 并且 $\mathrm{Niv_{stock\_ct\_pu}}$ 是 S，则 $P_{ref\_SP\_pu}$ 是 Z
			如果 Δf 是 NB 并且 $\mathrm{Niv_{stock\_ct\_pu}}$ 是 S，则 $P_{ref\_SP\_pu}$ 是 M
	N2lt		如果 Δf 是 PB 或者 Δf 是 N，则 $P_{ref\_stock\_lt\_pu}$ 是 Z
			如果 Δf 是 NB 并且 $\mathrm{Niv_{stock\_lt\_pu}}$ 是 B，则 β_{ref_pu} 是 Z
			如果 Δf 是 PB 并且 $\mathrm{Niv_{stock\_lt\_pu}}$ 是 B，则 β_{ref_pu} 是 M
			如果 Δf 是 PB 并且 $\mathrm{Niv_{stock\_lt\_pu}}$ 是 S，则 $P_{ref\_SP\_pu}$ 是 Z
			如果 Δf 是 NB 并且 $\mathrm{Niv_{stock\_lt\_pu}}$ 是 S，则 $P_{ref\_SP\_pu}$ 是 M

6.6 参考文献

[ABO 05] ABOU CHACRA F., Valorisation et optimisation du stockage d'énergie dans un réseau d'énergie électrique, PhD Thesis, University of Paris-Sud 11, 2005.

[ACK 05] ACKERMANN T., *Wind Power in Power Systems*, John Wiley & Sons, New York, 2005.

[ALK 09] ALKHALIL F., DEGOBERT P., COLAS F. *et al.*, "Fuel consumption optimization of a multimachines microgrid by secant method combined with IPPD table", *International Conference on Renewable Energy and Power Quality*, ICREPQ '09, Valence, 15–17 April 2009.

[BOU 13] BOUALLAGA A., MERDASSI A., DAVIGNY A. *et al.*, "Minimization of energy transmission cost and CO2 emissions using coordination of electric vehicle and wind power (W2V)", *IEEE PES International Conference POWERTECH 2013*, Grenoble, 16–20 June 2013.

[BOU 14] BOUALLAGA A., DAVIGNY A., MERDASSI A. *et al.*, "Optimization of fuzzy supervisor for electric vehicle load in distribution grid", *11th International Conference on Modeling and Simulation of Electric Machines, Converters and Systems*, ELECTRIMACS '14, Valence, Spain, 20–22 May 2014.

[BRE 07] BREBAN S., NASSER M., ANSEL A. *et al.*, "Variable speed small hydro power plant connected to AC grid or isolated loads", *Journal European Power Electronics*, vol. 17, pp. 29–36, no. 4, 2007.

[COU 08a] COURTECUISSE V., MOKADEM M.E., ROBYNS B. *et al.*, "Supervision par logique floue d'un système éolien à vitesse variable en vue de contribuer au réglage primaire de fréquence", *Revue internationale de génie électrique*, nos. 4–5, pp. 423–453, July–October 2008.

[COU 08b] COURTECUISSE V., SPROOTEN J., ROBYNS B. *et al.*, "Experiment of a wind generator participation to frequency control", *Journal European Power Electronics*, vol. 18, no. 3, pp. 14–24, 2008.

[COU 10] COURTECUISSE V., SPROOTEN J., ROBYNS B. *et al.*, "Methodology to build fuzzy logic based supervision of hybrid renewable energy systems", *Mathematics and Computers in Simulation*, Elsevier, vol. 81, pp. 208–224, October 2010.

[KUN 97] KUNDUR P., *Power System Stability and Control*, WCB/McGraw-Hill, 1997.

[ROB12a] ROBOAM X., *Integrated Design by Optimization of Electrical Energy Systems*, ISTE, London and John & Wiley Sons, New York, 2012.

[ROB 12b] ROBYNS B., DAVIGNY A., BRUNO F. *et al.*, *Electric power generation from renewable sources*, ISTE, London and John & Wiley Sons, New York,, 2012.

[ROB 15] ROBYNS B., SAUDEMONT C., HISSEL D. *et al.*, "Management and valorization of energy storage in transportation and buildings", ISTE-Wiley, forthcoming, 2015.

[SAA 99] SAADAT H., *Power System Analysis*, WCB/McGraw-Hill, 1999.

[SPR 09] SPROOTEN J., COURTECUISSE V., ROBYNS B. *et al.*, "Méthodologie de développement de superviseurs à logique floue de centrales multi sources à base d'énergie renouvelable", *European Journal of Electrical Engineering*, vol. 12, nos. 5–6, pp. 553–583, 2009.

第7章

并网型绝热压缩空气储能的能量
管理和经济性提升

7.1 概述

压缩空气储能（Compressed Air Energy Storage，CAES）是一种基于地下洞穴和燃气轮机的储能技术，大多与水轮泵站联合，安装于山区，储能能量范围为数百兆瓦。目前已建的大部分压缩空气储能电站都已在运行。但是，压缩空气储能技术所需投资巨大，同时具有能量效率低的缺点（其能量效率低于50%），而且由于在发电过程中，天然气燃烧，因此，很难对其能量效率进行精确计算。不过，另一种新兴的压缩空气储能技术应运而生，即绝热压缩空气储能（A－CAES）。这项技术增加了一个储热阶段来获得压缩空气时释放的热能。这种能量可以在空气膨胀过程中对空气进行加热，并能反复使用。因此，该项技术的预期效率可以达到65%左右（见第2章2.5.3节）。图7.1说明了该项储能技术的原理。

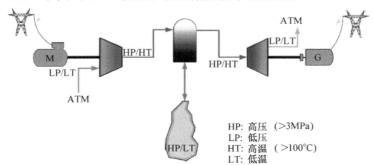

HP: 高压（>3MPa）
LP: 低压
HT: 高温（>100℃）
LT: 低温

图7.1 安装在一个洞穴中的绝热压缩空气储能（来源：法国电力公司）

本章主要对绝热压缩空气储能的经济价值提升和盈利能力增强进行分析，并据此对在电网中是应用中等规模（15～30MW）还是应用大规模（100～300MW）的绝热压缩空气储能装置给出建议。

如果在目前的电力系统中只考虑与供需相关的传统经济增长方式，那么现有的储能技术已经达到了其盈利能力的上限。在这样的背景下，要延长储能装置的最大服务时限和提升储能系统的盈利能力，只能通过对电网中的储能系统进行最优化布

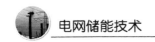

局和最佳配置，并通过优化时间管理来实现（见第 3 章）。这种时间管理主要分为三种不同的时间尺度：长期（提前一天）、中期（提前 30 ~ 60min）和短期（实时）。

本项研究包括开发一个基于事先已知储能规模和储能布局的实时能量存储管理策略，来最大限度地提高储能装置的服务年限和储能系统的盈利能力［DO 14］。根据第 5 章所描述的方法，本章构造一个基于模糊逻辑的管理程序。本章采用图 7.19 所描述的 14 节点 IEEE 测试电网为例来对该方法的应用进行说明。本章对三种不同的管理程序进行了比较分析：基于供需关系、提前一天计划的传统经济性提升方法的管理程序，基于模糊逻辑提出的实时管理程序和基于第二个管理程序的布尔变量提出的管理程序。模拟结果表明，当储能系统参与需要实时管理的辅助服务时，其经济存储收益将变得非常有意义。

7.2 储能提供的服务

7.2.1 储能规划

一个储能系统的初始经济增强能力是通过基于电力市场上日前的购买/销售机制来实现的。

为了确保储能系统的经济提升能力，需要为电力系统中的利益相关者提供几种额外的服务。在本研究背景下，仅考虑所需服务和具有以下重大经济优势的服务：频率控制服务、拥塞管理服务和可再生能源的发电支持服务。

7.2.2 频率控制

主要的服务分为以下三种：一次控制、二次控制和三次调整；但是只有前两项服务是强制性的［ROB 12］（见第 3 章）。

作为一次频率控制的一部分，如果输出功率高于 40MW，最小功率储备必须维持在装机功率的 2.5%。而且，当系统的频率变化在 49.8 ~ 50.2Hz 之间时，储能系统的能量必须能够保持至少 15min，且所储备的能量必须能够在 30s 内完全释放。这种调频通过功率和频率之间的一个下垂控制系统来实现（详见第 3 章）。

对于额定功率大于 120MW 的电厂来说，二次控制是强制性的。储能系统的功率储备必须至少等于电厂额定功率的 4.5%。当电厂发生事故时，储能的调度时间必须小于 30s，且能够至少持续 7min。在重大频率变化事件中，储能系统必须能够保证足够长的服务时间。

7.2.3 拥塞管理

拥塞管理包括缓解能量传输过程中造成的输电线路过载的情况。由于储能具有双向可逆的特点，因此，储能装置是解决输电拥塞的主要手段（见第 3 章）。

解决拥塞的长期有效的方法是通过输电系统运营商（Transmission System Operator，TSO）建设额外的输电线路加强电网来实现。但是，这种方法建设投资非常大，而且建设周期比较长，可能会超过 10 年。因此，输电系统运营商选用储能系统来解决输电拥塞问题可以延迟昂贵的投资费用投入，加快加强电网的步伐［VER 09，VER 11］。

7.2.4　易变的可再生能源发电保障

由于主要的可再生能源发电（风力发电或者光伏发电）的随机性特点，可再生能源发电的高并网率可能会造成功率通量的快速逆变。由于德国北部的风能比较集中，在连接德国和其接壤国家的输电线路上已经出现了这种现象［ACK 05］。目前，在区域范围内，风力发电的预测误差平均在3%（提前1h预测）和7%（提前72h预测）之间变化，这对于控制供需之间的平衡已经足够。但是，如果是一个依赖于当地地形并带有显著差异性的风电场，风力发电的预测误差大约为15%［ACK 05］。

目前，主要采用传统的发电装置作为额外的电能储备来弥补这种可再生能源发电的不确定性。但是，随着额外电源的不断加入，对于多种能源的预测越来越难，可再生能源发电厂的管理者们不得不像传统电厂一样，提前制定并遵循一个功率曲线图来调配可再生能源的发电量。储能装置可以为这些服务商提供服务，以保证可再生能源的发电，其工作原理是基于储能装置可以储存超过预测的功率，当功率短缺时提供功率补偿。因此，可再生能源发电服务商可以通过使用储能系统来避免罚款。这种储能系统的成本一般低于服务商所要承受的罚款数额。

7.3　监管策略

7.3.1　方法

在未来的智能电网中，分布式电源和负荷的一体化需要通过交互服务和多目标监管大力发展经济增强型的储能系统，以此来适应多能源和多收费系统的集成化进程。提升这些监管策略的一大挑战就在于有关于系统的随机行为，其时间范围可以相当短（动态应力），也可以很长（可再生能源的季节性）。当研究的时间范围必须覆盖全年且必须考虑的系统状态都依赖于时间（如存储时间）时，传统的（或者明确的）优化方法难以实时应用，并且不易开发。

另一方面，利用人工智能工具（比如模糊逻辑）开发的隐性方法非常适用于管理"复杂"系统。这些系统依赖的值和状态难于预测，因此，并不为人所知（风能、太阳能、国家电网、消费侧等）。第5章和第6章已介绍了基于模糊逻辑方法的管理程序设计方法，用于管理混合能源发电系统。这种方法不需要建立数学模型，因为这种方法主要基于模糊规则为代表的系统专业知识。输入可能是随机的，监管可能要同时兼顾多个目标进行。因为由模糊变量决定，所以其运行模式之间的转换是渐进式的。最终，这种方法能够通过储能系统的电荷汇聚水平［荷电状态（State of Charge，SoC）］来实现储能系统的管理，并且可通过实时监控平台实现对系统的多样性控制。

模糊管理程序的结构是根据第5章所提到的方法建立起来的，分为8个步骤：

1）确定系统规格：确定目标、限制和实施动作；

2）管理程序架构：确定输入和输出需求；

3）确定"功能图"：根据系统知识，提出代表不同运行模式的框图；

4）确定模糊变量的隶属函数；

5）确定"运行图"：提出代表模糊运行模式的框图；

6）从运行图中提取模糊规则；

7）确定用于评价目标完成情况的指标；

8）优化管理程序参数，比如，通过实验和遗传算法得到的计划方案。

7.3.2　目标、限制和实施动作

管理程序的架构须能完成表 7.1 中所定义的三个主要目标。同时也提出了管理程序的限制条件。

假设已经提前定义了长期的管理程序，考虑到电力市场和电网规划，可以提出储能系统的参考功率。多目标模糊管理程序的目标可以分为三种：经济目标、所需要的服务和额外的服务。

7.3.3　管理程序结构

每一个管理程序的输入都将对应各自的目标。管理程序结构如图 7.2 所示。确定以下四个输入值：

1）为了确保进行频率控制和其他服务的储能的可用性，储能系统的荷电状态必须作为一个输入值。

2）第二个输入值是非强制性的参考功率或额外服务的功率值 $P_{service}$，该值为拥塞管理服务功率 $P_{congestion}$ 和可再生能源发电保障功率 $P_{guarantee}$ 之和。

3）第三个管理程序输入值将是储能系统的计划功率 P_{plan}。储能规划主要是基于价格曲线和电网需求提前一天制定的。

4）频率控制需要根据储能服务所要求的动态和强制性特性来决定储能系统的直接操作方式；这就是为什么它要直接作用于模糊管理程序的输出参考值以产生最终的参考功率设定值 $P_{setpoint}$ 的原因。

表 7.1　目标、限制和实施动作

目标	限制	实施动作
1. 在考虑计划功率的同时获得最大经济收益 2. 确保一次频率控制 3. 提供额外辅助服务 4. 确保储能系统的可用性	1. 储能的限值 2. 线路的传输能力 3. 风能的变化	储能系统的参考功率

在图 7.2 中，K_1、K_2、K_3 和 K_4 是输入和输出变量的单位适应系数。

图 7.2 实时管理程序的输入和输出值

7.3.4 功能图的确定

运行模式用图 7.3 中的圆角矩形表示，系统状态用运行模式间的转换表示。

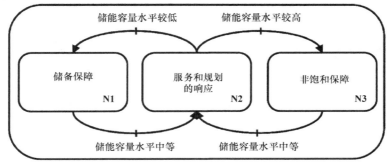

图 7.3 基于模糊逻辑的管理程序功能图

基于储能系统本身的存储容量水平（SoC），储能系统的运行可以分为三种模式。从一种模式向另一种模式的转换由储能系统的存储容量水平来决定。负的参考功率对应于储能系统的充电过程，反之，正的参考功率对应于储能系统的放电过程。

N1（见图 7.4）：如果储能系统的容量水平较低，为了保持进行频率控制所必需的能量，储能系统此时不再进行放电操作。如果储能系统需要进行充电，它将以最有利于充电的模式运行。

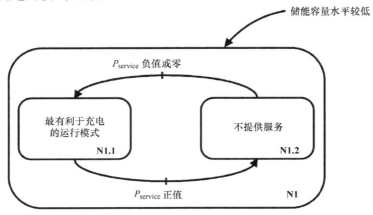

图 7.4 运行模式 N1 的功能图

N2（见图7.5）：如果储能系统的容量水平中等，它可以达到额外的服务参考功率。如果没有参考功率，为了最大限度地获得经济收益，储能系统将考虑计划功率水平。

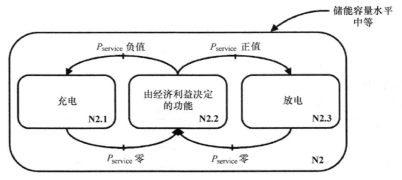

图7.5　运行模式 N2 的功能图

N3（见图7.6）：如果储能系统的容量水平较高，为了避免达到饱和状态，储能系统不能进行充电。如果需要进行放电操作，储能系统将以最有利于放电的模式运行。

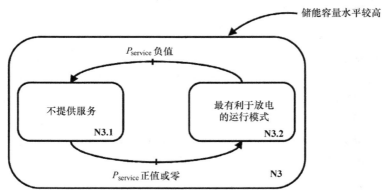

图7.6　运行模式 N3 的功能图

对于运行模式 N1.2 和 N3.1，可以为每一个模块直接建立一个模糊规则。它们不依赖于最后的输入值，即计划功率值。对于其他的运行模式，必须给出更加详细的功能图。

N1.1（见图7.7）：储能容量水平较低，且所需服务功率是负值或者零。为了有利于储能系统充电，当计划功率小于或等于零时，管理程序会给出一个参考功率来给储能系统充电直至达到最大值。同样地，当计划功率大于零时，管理程序会尝试给出参考功率来满足服务所需功率。

N2.1（见图7.8）：储能容量水平中等，且服务所需功率是负值。在这种运行模式下，当计划功率是负值时，管理程序会给出一个参考功率来给储能系统充电直

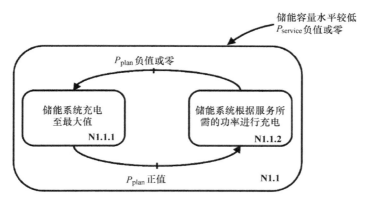

图 7.7　运行模式 N1.1 的功能图

至达到最大值。如果有必要，管理程序还会给出一个参考功率来满足服务所需功率要求。

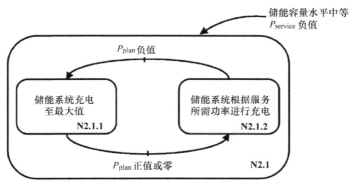

图 7.8　运行模式 N2.1 的功能图

　　N2.2（见图 7.9）：储能容量水平中等，且服务所需功率是零。在这种运行模式下，管理程序根据经济利益指标给出一个参考功率，该功率由计划功率决定：如果计划功率是负值，储能系统就进行充电至最大值；如果计划功率是正值，储能系统就会进行放电至最大值；换句话说，如果计划功率是零，储能系统将会进入待机模式。

　　N2.3（见图 7.10）：储能容量水平中等，且服务所需功率是正值。在这种运行模式下，当计划功率小于零时，管理程序给出一个参考功率对储能系统进行充电直至达到最大值。如果有必要，管理程序会给出一个参考功率来满足服务需要。

　　N3.2（见图 7.11）：储能容量水平较高，且服务所需功率是正值或零。为了有利于储能系统放电，当计划功率大于或者等于零时，管理程序给出一个参考功率来对储能系统进行放电直至达到最大值。另一方面，当计划功率小于零时，参考功率会尽量满足服务所需功率。

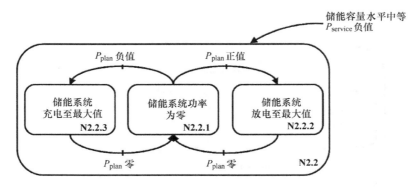

图 7.9 运行模式 N2.2 的功能图

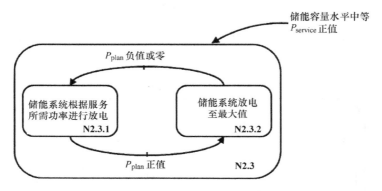

图 7.10 运行模式 N2.3 的功能图

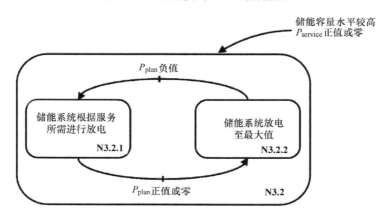

图 7.11 运行模式 N3.2 的功能图

由所有这些运行模式组成的功能图如图 7.12 所示。

7.3.5 隶属函数的确定

输入值的隶属函数决定了不同运行模式间的相互转换和参考功率值。

隶属函数与储能系统的存储容量水平相关,由三个层级组成(见图 7.13),与

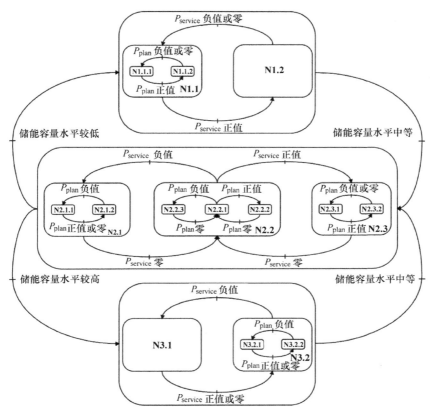

图 7.12 由所有运行模式组成的功能图

前文图表中的三种运行模式（N1、N2 和 N3）相一致：

1）设置"S"和"B"分别代表"小"和"大"，确保电厂所需的存储能量能够满足频率控制的要求；

2）设置"M"代表"中等"，确保储能服务的其他目标。

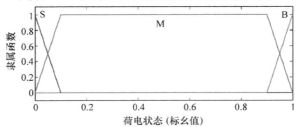

图 7.13 与存储容量水平相关的隶属函数（该图的彩色版本请参见 www. iste. co. uk/robyns/powergrids. zip）

与服务所需功率相关的隶属函数由三个层级组成（见图 7.14）：

1）设置 "Z" 代表零值，用一个三角形表示，代表在这种模式下，储能系统不需要提供额外服务；

2）设置 "NB" 和 "PB" 分别代表 "负值最大值" 和 "正值最大值"，表示额外服务所需功率。"负值" 表示储能系统必须进行充电或者减少放电功率，"正值" 表示储能系统必须进行放电或者减少充电功率。

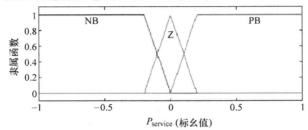

图 7.14　与服务所需功率相关的隶属函数（该图的彩色版本请参见 www. iste. co. uk/robyns/powergrids. zip）

与储能系统计划功率相关的隶属函数也由三个层级组成（见图 7.15）：

1）设置 "Z" 代表零值，用三角形表示，代表储能系统的 "待机" 模式。在这种模式下，购买/销售比率不利于储能系统的充电或放电；

2）设置 "NB" 和 "PB" 分别代表 "负值最大值" 和 "正值最大值"。

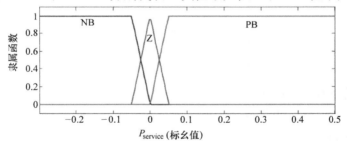

图 7.15　与储能系统计划功率相关的隶属函数（该图的彩色版本请参见 www. iste. co. uk/robyns/powergrids. zip）

对于与输出（见图 7.16）、参考功率相关的隶属函数，设置 5 个参数作为储能系统输出功率精度和管理程序复杂性之间的关联参数。这 5 个参数分别为 "NB"（负值最大值）、"NM"（负值中间值）、"Z"、"PM"（正值中间值）和 "PB"（正值最大值）。

由于最大充电功率和最大放电功率不相等，因此，与参考功率相关的隶属函数缺乏对称性。

7.3.6　运行图的确定

与每个输出变量相关的模糊规则的数目由每个输入变量模糊集的数目相乘所确定，即为 $3 \times 3 \times 3 = 27$ 个。通常，模糊规则都是借助表格的形式来进行描述。因

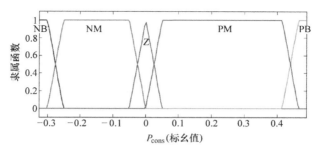

图 7.16　与参考功率相关的隶属函数（该图的彩色版本
请参见 www. iste. co. uk/robyns/powergrids. zip）

此，与每个输出变量有关的表格将具有 4 个维度。用相关图形表示的方法具有以下
两个优点：有利于在不使用表格的情况下编写规则；有利于从系统的整体功能出发
提取最有针对性的规则。为了确定模糊规则，有必要把"功能图"转换为"运行
图"，图中包括前文定义的隶属函数。两个运行模式之间的转换过程将通过输入值
的隶属函数来描述。图 7.17 是由所有模式的运行图组成的整个系统的运行
模式图。

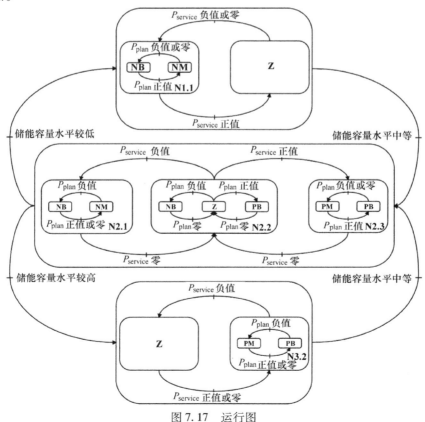

图 7.17　运行图

7.3.7 模糊规则的提取

模糊规则可以从图 7.17 所示的运行图中直接提取出来，如表 7.2 所示。根据所采用的方法，只提取出来了 13 个模糊规则，而不是前文提到的 27 个模糊规则。

表 7.2 管理程序的模糊规则

存储容量水平（SoC）	$P_{service}$	P_{plan}	$P_{setpoint}$
P	PB	PB、NB 或 Z	Z
P	NB 或 Z	P	NM
P	NB 或 Z	NB 或 Z	NB
M	Z	NB	NB
M	Z	Z	Z
M	Z	PB	PB
M	NB	NB	NB
M	NB	PB 或 Z	NM
M	PB	PB	PB
M	PB	NB 或 Z	PM
G	PB 或 Z	NB	PM
G	PB 或 Z	PB 或 Z	PB
G	NB	PB、NB 或 Z	Z

7.3.8 指标

为了评价表 7.1 中所提到的目标完成情况，有必要对适应性指标进行定义。与储能系统计划功率和所需服务以及额外服务相关的目标必须产生经济收益。

7.4 服务的经济价值

储能系统的经济利益可以通过下列三个主要来源获得：

1）采购/销售机制：在电价低廉的时候购买并在电价昂贵的时候卖出；

2）提供所需的辅助服务（频率控制）；

3）给电网管理者（拥塞管理）和可再生能源发电商（发电保障）提供额外服务。

本节中将对上述这些服务的价格进行详细介绍。

7.4.1 购买/销售机制

购买和销售都是基于电价曲线进行的。储能系统充电时，管理者购买电量；储能系统放电时，销售存储的电量。在本研究中，电价曲线在夜间和两个用电高峰期（一个在早上，一个在夜间）将发生一个骤降。

本研究以图 7.18 所示的电价曲线为例进行介绍。在非用电高峰时段，电价为 15 欧元/MWh；在用电高峰时段，电价为 40 欧元/MWh；在其他用电时段，电价为 30 欧元/MWh。

7.4.2 频率控制计费

根据法国输电公司［RTE 13］的规定，一次频率控制以每半小时为一次步进计费，价格为 8.04 欧元/MW。二次频率控制的价格由两个部分组成：第一部分对

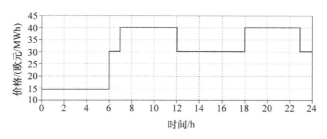

图 7.18 一天中的电价曲线

应于储能的维持费用，以每半小时为一次步进计费，价格为 8.04 欧元/MW；第二部分对应于储能的使用费用，价格为 9.30 欧元/MWh。

7.4.3 额外服务计费

额外服务将根据买卖双方签订的合同进行计费。本研究中，所选的额外服务费用为 25 欧元/MWh；这个价格大约等于高电价（大约 40 欧元/MWh）和低电价（大约 15 欧元/MWh）之间的差值。这个价格是储能供应商对于每提供 1MWh 的额外能量可能收到的额外费用（购买/销售价格之外），这些额外能量与储能计划功率相比，可能会使用也可能不会使用。由于储能系统要满足服务的需要，至少必须支付相同的金额作为在一个正常购买/销售行为 [（40 - 15）欧元/MWh = 25 欧元/MWh] 期间实现的收益，这种正常的购买/销售行为主要发生在非用电高峰期和高峰期之间。

7.5 应用

7.5.1 测试电网

参考文献 [IEE 79] 中所述的 IEEE 具有 14 个节点的测试电网由两个不同的电压等级（33kV 和 132kV）组成。电网结构如图 7.19 所示。

该测试电网由 11 个充电机组成，这些充电机表示一个具有有功功率 259MW、无功功率 73.5Mvar 的负荷。为了确保系统中 N - 1 的安全，在节点 1（132kV）处的发电机分成了两部分。每一个发电机的功率为 160MW。节点 2 处的发电机功率为 60MW。在节点 3、6 和 8 处分别连接了一个同步补偿器。在节点 12、13 和 14 处分别增加了一个风电场，电压等级为 33kV，装机功率分别为 20MW、50MW 和 70MW [DO 12]。

压缩空气储能安装在节点 6 处，其在放电模式下的最大功率为 50MW，在充电模式下的最大功率为 30MW，存储容量为 500MWh。该储能系统一个完整的充放电循环效率为 64%，充放电转换效率大约为 80%，在本研究的所有运行模式下，假定这些效率恒定不变。储能系统的完整放电时间为 10h。储能系统存储的空气应该是 160000m³，最大压强为 3MPa，最小压强为 2MPa。在充电时，空气的最大单位输出为 50kg/s；放电时，为 120kg/s。

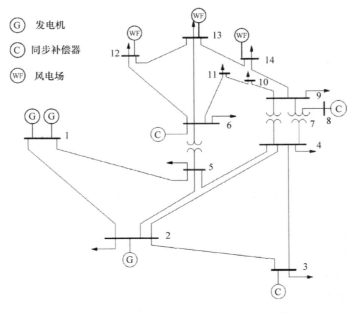

图 7.19　IEEE 具有 14 个节点的测试电网结构

图 7.20 显示了一天的负荷曲线（以标幺值为单位）[RTE 12]。负荷曲线是根据一天中的典型变化绘制出来的。从图中可以明显看出，用电低谷时段发生在夜间；用电高峰时段有两个，一个在上午，一个在晚上。

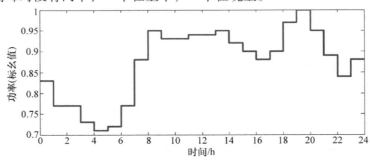

图 7.20　日负荷消耗曲线

风电场中考虑采用相同的风力曲线（见图 7.21）。为了满足本研究的需要，风力曲线变化剧烈，这将极大地影响风电场的发电情况。从图中可以看到，线路拥塞发生在 18 点（下午 6 点）。

7.5.2　储能用于辅助服务时的贡献收益

在本例中，我们将对储能单独用于计划功率时获得的经济收益和用于参考集成规划实时管理程序时获得的收益进行比较分析。

如图 7.22 所示，提前一天的储能计划功率曲线为虚线，由模糊管理程序获得

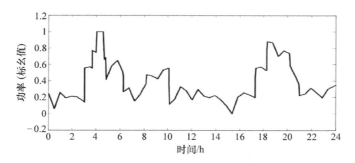

图 7.21　24h 内标准风力典型曲线

的实时储能功率曲线为实线。可以看到，如果不参与辅助服务，参与频率控制的储能系统不需要备用裕量，而且储能系统可以其最大功率进行放电。以模糊管理程序为参考的储能功率曲线更加多变。

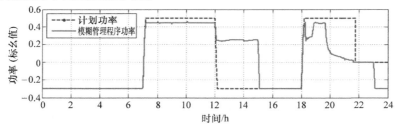

图 7.22　储能计划功率曲线（虚线）和管理程序获得的实时储能功率曲线（实线）

图 7.23 所示为使用和不使用实时管理程序时的储能能量水平对比图。使用模糊管理程序，储能自身要比仅使用计划功率时放出更多的能量，因为此时储能必须参与辅助服务（在所列举的案例中，可再生能源发电保障服务是最需要的）。在一天结束的时候，储能系统几乎放空，此时电价也不是很高，模糊管理程序可以给储能系统发出参考指令进行充电。因此，在这种情况下，相比于仅使用计划功率获得的荷电状态时，在一天结束时，使用模糊管理程序的储能系统的荷电状态更高。此时，两者的荷电状态差距大约为 0.0536 标幺值，大约相当于 26.8MWh 的能量。两种情况下的储能系统能量状态如表 7.3 所示。

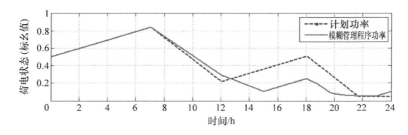

图 7.23　仅使用计划功率的储能能量状态和使用实时管理程序的储能能量状态

表 7.3 仅使用计划功率的储能能量状态和使用实时管理程序的储能能量状态

	仅使用计划功率	同时使用计划功率和模糊实时管理程序
开始时的荷电状态	250MWh	250MWh
充电	310.1MWh	262MWh
放电	535.1MWh	460.2MWh
一天结束时的荷电状态	25MWh	51.8MWh

图 7.24 所示为仅使用计划功率的储能系统和使用实时管理程序的储能系统获得的经济收益演变图。表 7.4 所示为以 24h 为一个服务跨度进行的两者经济收益的对比。

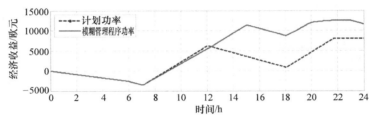

图 7.24 仅使用计划功率和使用实时管理程序获得的经济收益演变图

如果储能系统根据实时管理程序的设定值运行，则其一天中获得的经济收益较高。仅使用计划功率时，储能管理者在一天结束时可以获得 8080 欧元的收益，而使用模糊管理程序，则可以获得高达 11700 欧元的收益，收益增加了 44.8%。

表 7.4 仅使用计划功率和使用实时管理程序获得的经济收益对比

	仅使用计划功率	同时使用计划功率和模糊实时管理程序
计划购买/销售	8080 欧元	6840 欧元
频率控制	–	860 欧元
额外服务	–	4000 欧元
总收益	8080 欧元	11700 欧元

使用模糊管理程序，购买/销售操作的经济收益为 6840 欧元，低于储能系统仅使用计划功率时的收益 8080 欧元。但另一方面，在一天结束时，储能系统的能量水平要比单独使用计划功率时高出 26.8MWh。

虽然频率控制是储能系统的一个必需服务，但是频率控制的收益在总体经济收益中占比还是比较小，在总共 11700 欧元的收益中，只有 860 欧元。

额外服务获得的经济收益在总收益中扮演了很重要的角色，收益大约为 4000 欧元。这是储能系统管理者能够获得的总报酬，以保证可再生能源的发电和线路的拥塞管理。

注意，在本例中，所列清单中的收益绝对值与两种应用模式下需要考虑的收益值相比并不是很重要，这表明通过应用多种服务模式来提高储能的经济性是很必要的。要确定储能系统的有效财务盈利能力，当然还有必要考虑储能系统在整个功能寿命周期内（比如 20 年）的摊销和维护的成本。

7.5.3　模糊管理程序与布尔管理程序的利益对比

本节将对模糊管理程序和布尔管理程序进行对比分析。布尔管理程序与模糊管理程序遵循同样的法则，但是布尔管理程序中所有输入和输出变量的状态转换遵循布尔法则，如图 7.25 所示。

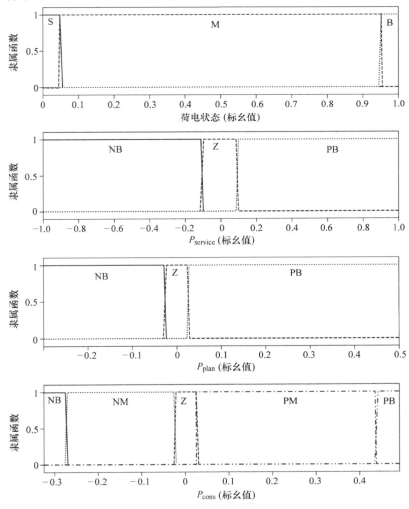

图 7.25　布尔管理程序的隶属函数（该图的彩色版本
请参见 www.iste.co.uk/robyns/powergrids.zip）

布尔管理程序和模糊管理程序中的储能功率曲线如图 7.26 所示。从图中可以看到，在 18 时（下午 6 点）至 24 时（午夜 12 点）这个时间段内，这两个曲线具有明显的差别。

在 18 时（下午 6 点），电网线路发生了拥塞。此时，电网管理者要求储能系统减少发电以消除线路拥塞现象。采用模糊管理程序，储能功率曲线较为平滑。但是，如果采用布尔管理程序，储能功率曲线会发生剧烈变化。发生这种情况的原因如下：采用模糊管理程序，会在两个状态之间产生一个转换区间。图 7.27 所示为储能功率曲线在 18 时（下午 6 点）至 19 时（下午 7 点）之间产生的急速上升情况。

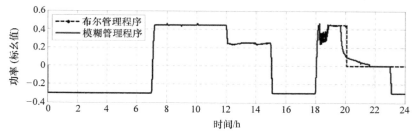

图 7.26　在布尔管理程序和模糊管理程序场景下的储能功率曲线

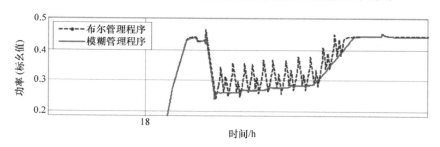

图 7.27　在 18 时（下午 6 点）储能功率急速上升

在 20 时（晚上 8 点），储能系统的荷电状态较低，此时储能系统存储的能量要低于 0.1 标幺值（见图 7.28）。使用模糊管理程序，储能系统会减少功率输出，以减缓放电速度，节约能源消耗，这可以从图 7.28 中看出。使用布尔管理程序的储能系统放电深度更深。储能在两种情况下的能量状态如表 7.5 所示。

表 7.5　储能在布尔管理程序和模糊管理程序下的能量状态

	同时使用计划功率和布尔实时管理程序	同时使用计划功率和模糊实时管理程序
初始荷电状态	250MWh	250MWh
充电	239.5MWh	262MWh
放电	464.5MWh	460.2MWh
一天结束时的荷电状态	25MWh	51.8MWh

从经济指标来看，这两种实时管理程序并不存在显著差异。

在模糊管理程序下，通过实证说明了初步确定的隶属函数参数的影响。为了取得最大的收益，这些参数还可以进一步优化。

7.6　结论

本章主要介绍了一种实时管理方法，该方法可以尽可能最大限度地提高绝热压缩空气储能的服务方式和盈利水平。目前已开发出一个基于模糊逻辑方法的多目标实时管理程序，可最大限度地提高储能系统的经济收益，并同时兼顾储能系统的购买/销售模式和服务类型（必须的和额外的服务），比如频率控制、线路拥塞管理和可再生能源发电保障。

该管理程序已经通过了 IEEE 14 节点实验电网的 24h 测试实验。模拟结果表明，如果储能系统参与辅助服务和额外服务，利用该管理程序所获得的经济收益要比预想的大很多，但需要实时管理。

所提出的方法对管理程序的设计具有很大的帮助，并能降低管理程序的复杂性。当然，这种方法也可以应用于其他储能技术中（比如，液压储能技术）。该方法的模块化设计，使得其可以很容易地和其他目标和限制（其他服务类型、老化控制等）结合在一起。

最后，模糊逻辑方法是一种决定论和非随机性方法。该方法一般会具有一种带有不确定性的高鲁棒性特征，特别是与可再生能源预测相关的不确定性。根据所提出的方法构建的管理程序有能力来应对这种类型的危险。

7.7　致谢

该研究受到了法国国家研究局（French National Agency of Research，ANR）SA-CRE 项目的资助，该项目的合作伙伴还有 EDF、Géostock、LMS、PROMES 和 L2EP 实验室。

7.8　参考文献

[ACK 05] ACKERMANN T., *Wind Power in Power Systems*, John Wiley & Sons, New York, 2005.

[DO 12] DO-MINH T., Approche probabiliste pour l'évaluation de la fiabilité du système électrique intégrant des énergies renouvelables peu prévisibles, PhD Thesis, Université Lille 1, December, 2012.

[DO 14] DO-MINH T., MERDASSI A., ROBYNS B., "Gestion et valorisation d'un stockage à air comprimé adiabatique intégré dans un réseau électrique", *Symposium de Génie Electrique*, SGE '14, Cachan, 8–10 July 2014.

[IEE 79] IEEE, "IEEE Reliability Test System 1979", *IEEE Transactions on Power Apparatus and Systems*, vol. PAS-98, pp. 2047–2054, 1979.

[ROB 12] ROBYNS B., DAVIGNY A., BRUNO F. *et al.*, *Electric power generation from renewable sources,* ISTE, London and John Wiley & Sons, New York, 2012.

[RTE 12] RTE, Réseau de Transport d'Electricité, available at http://www.rte-france.com, 2012.

[RTE 13] RTE, Référentiel Technique de RTE, available at http://www.rte-france.com, 2013.

[VER 09] VERGNOL A., SPROOTEN J., ROBYNS B. *et al.*, "Gestion des congestions dans un réseau intégrant de l'énergie éolienne", *Revue 3EI*, no. 59, pp. 63–72, December 2009.

[VER 11] VERGNOL A., SPROOTEN J., ROBYNS B. *et al.*, "Line overload alleviation through corrective control in presence of wind energy", *Electric Power Systems Research*, Elsevier, vol. 81, pp. 1583–1591, July, 2011.